图灵程序设计丛书

MACHINE LEARNING Q AND AI

大模型技术30讲

30 ESSENTIAL QUESTIONS AND ANSWERS
ON MACHINE LEARNING AND AI

［美］ 塞巴斯蒂安·拉施卡（Sebastian Raschka）◎著

叶文滔 ◎译

U0264977

人民邮电出版社

北 京

图书在版编目（CIP）数据

大模型技术30讲 /（美）塞巴斯蒂安·拉施卡
(Sebastian Raschka) 著；叶文滔译. -- 北京：人民
邮电出版社，2025. --（图灵程序设计丛书）. -- ISBN
978-7-115-65983-5

Ⅰ. TP18

中国国家版本馆 CIP 数据核字第 2025TJ5282 号

内 容 提 要

本书采用独特的一问一答式风格，探讨了当今机器学习和人工智能领域中最重要的 30 个问题，旨在帮助读者了解最新的技术进展。全书共分为五个部分：神经网络与深度学习、计算机视觉、自然语言处理、生产与部署、预测性能与模型评测。每一章都围绕一个问题展开，不仅针对问题做出了相应的解释，并配有若干图表，还给出了练习供读者检验自身是否已理解所学内容。

本书适合机器学习初学者以及相关从业者和研究人员阅读。

- ◆ 著　　　　 [美] 塞巴斯蒂安·拉施卡（Sebastian Raschka）
  　译　　　　 叶文滔
  　责任编辑　 王军花
  　责任印制　 胡　南
- ◆ 人民邮电出版社出版发行　　北京市丰台区成寿寺路11号
  　邮编　100164　　电子邮件　315@ptpress.com.cn
  　网址　https://www.ptpress.com.cn
  　三河市君旺印务有限公司印刷
- ◆ 开本：800×1000　1/16
  　印张：12.5　　　　　　　　2025 年 2 月第 1 版
  　字数：279 千字　　　　　　2025 年 5 月河北第 5 次印刷
  　著作权合同登记号　图字：01-2024-2912 号

定价：69.80元
读者服务热线：(010)84084456-6009　印装质量热线：(010)81055316
反盗版热线：(010)81055315

版权声明

谨以此书献给我的搭档 Liza、我的家人，以及在我的作家生涯中激励并影响我的所有创作者。

序　言

机器学习领域有数百本入门级教材，它们风格迥异、形式多样，有的从理论出发，面向研究生，有的则着眼于商业应用，受众为企业高管。对于初涉这一领域的人来说，这些基础读物是极其宝贵的参考资料，在未来数十年里它们都将持续发光发热。

然而，要成为专家，远不只是从起点出发就够了。这趟学习之旅会经历错综复杂的迂回、绕路、悬崖峭壁，以及一开始可能不那么明显的细微的理解偏差。换句话说，学完基础知识后，学习者往往会问："接下来该做什么？"答案是，接下来就到阅读本书的阶段了。本书的内容在基础知识上更进一步，这也是其立意所在。

在本书中，塞巴斯蒂安将引领读者深入探索机器学习领域中中级至高级的实用内容，这是每位读者迈向专家的道路上必经的一环。在机器学习教育领域，很难找到比塞巴斯蒂安更好的导师。他可以说是当前这个领域最出色的机器学习教育家。在本书中，塞巴斯蒂安不仅全面传授了他深厚的知识，还分享了他作为专家所特有的热忱和探究精神。

本书正是为已经跨过入门门槛、渴望深入学习的读者准备的。当你们翻阅完本书的最后一页后，会发现自己比开始时更加熟练地掌握了机器学习。就让这本书成为你探索机器学习的精彩旅程中的桥梁吧。

祝你好运！

Chris Albon
维基媒体基金会机器学习主管
2023 年 8 月于旧金山

致　谢

写书是一项庞大的工程。如果没有开源社区和机器学习社区共同创造本书所讨论的技术，本书是不可能完成的。

我想对以下几位表示感谢，他们为我提供了极其有帮助的建议。

❑ Andrea Panizza 作为一名出色的技术评审，为本书提供了非常有价值且富有洞察力的反馈建议。

❑ Anton Reshetnikov 针对第 30 章的监督学习流程图提供了更清晰的布局设计建议。

❑ Nikan Doosti、Juan M. Bello-Rivas 和 Ken Hoffman 指出了许多排版错误。

❑ Abigail Schott-Rosenfield 与 Jill Franklin 是两位模范编辑，他们提出的问题以及关于语言文本的优化建议，都显著提高了本书的质量。

前　　言

得益于深度学习技术的迅猛发展，我们见证了这些年来机器学习与 AI（Artificial Intelligence，人工智能）的大规模推广。

如果我们期待这些技术的进步能够催生新的行业、改变现有行业，乃至提高全球人民的生活品质，那么现今技术的发展无疑是令人振奋的。但与此同时，新技术不断涌现也让我们在紧跟技术前沿的道路上倍感压力，既充满挑战又耗费时间。尽管如此，对于使用这些技术的专业人士和组织来说，与时俱进至关重要。

我编写本书的目的是向机器学习领域的从业者和其他读者提供帮助，提升大家的专业知识与技能，同时让大家了解到那些我认为有用、重要，却常被传统入门教材及课程所忽视的技术。我希望对你而言，本书可以作为一份宝贵的学习资源，帮助你获取新的见解，并发掘新技术以应用到你的工作中。

读者对象

漫步于人工智能和机器学习的理论世界，我们往往会感觉像是在走钢丝——大多数图书要么是面向初学者的简单介绍，要么是深奥的数学理论。本书将以通俗易懂的方式阐述并探讨这些领域的重要进展，不需要读者具备高等数学或编程相关背景。

本书适合有一定机器学习经验并且希望学到新概念和新技术的学习者。对于已经上过机器学习或深度学习的初级课程，或者已经读过相关入门书的读者，本书将是理想读物。（在本书中，我将使用机器学习作为机器学习、深度学习和人工智能的统称。）①

---

① 严格来说，机器学习是人工智能的分支领域，深度学习则是机器学习的具体实现方法之一。但由于目前效果最好的人工智能技术均由深度学习实现，在革命性的技术突破出现之前，用机器学习统称以上三者也是可以的。

——译者注（后文注释如无特殊说明，均为译者注）

你将从本书中获得什么

本书采用了独特的一问一答式风格，每一章都围绕一个与机器学习、深度学习和人工智能的基本概念相关的中心问题展开。每个问题后均给出了相应的解释，并配有若干图表，还给出了练习供读者检验自身是否已理解所学内容。许多章还给出了参考资料以供读者进一步阅读。有了这些简单易懂的知识，你从机器学习初学者成长为专家的旅途必然是轻松愉快的。

本书涵盖的主题十分广泛，既包括对如卷积神经网络这类现存的技术架构的新见解，让你能够更高效地运用这些技术，也包括一些更前沿的技术，如 LLM（Large Language Model，大语言模型①）和计算机视觉 Transformer 架构②的底层原理。即使是经验丰富的机器学习研究人员和从业者，也能从本书中获取一些新的知识来扩充自身的技能储备。

在阅读过程中，你可能会接触到一些新的概念和想法，但本书并非数学教材或编程教材。你无须解决任何数学证明问题，也无须运行任何代码。可以说，在旅行途中阅读本书再适合不过了。当然，你也可以早上起床后坐在喜欢的阅读椅上，一边享用咖啡或茶，一边翻阅本书。

如何阅读本书

本书的每一章都自成一体，以便你根据自身喜好切换主题进行阅读。当某一章中的概念在另一章中有更详细的解释时，我会在书中列出参考章节，你可以根据这些参考章节来弥补理解上的不足。

尽管如此，本书的章节顺序也有一定的意义。例如，前面关于"嵌入"的章节可以为后面学习"自监督学习"和"小样本学习"奠定基础。为了让你获得最轻松的阅读体验，并且全面地掌握内容，我建议你还是从头至尾地阅读本书。

每一章都配有选作练习，供读者测试自己是否已理解该章知识，答案附于书末。此外，任何章节中所引用的论文或有关该章主题的延伸阅读，均可以在该章的"参考文献"部分找到完整的引用信息。

本书分为五个部分，围绕当今机器学习和人工智能领域中最重要的一些问题展开。

---

① 大语言模型即我们常说的大模型。如无特殊情况，下文所提及的大语言模型均用大模型指代。但需要注意，我们可以说大语言模型是大模型，却不能说大模型只是大语言模型，因为大模型还包括大型视觉模型、多模态模型等。

② Transformer 可以翻译为变形器或转换器架构，但由于其普及度较高，已成为计算机领域的专用名词，因此一般不作翻译。

第一部分：神经网络与深度学习。本部分主要涵盖了与深度神经网络和深度学习有关的问题，这些问题并不局限于特定的子领域。例如，我们讨论了监督学习的替代方案，也讨论了减少过拟合现象的技术，这是在数据有限的现实世界中使用机器学习模型时常会遇到的问题。

- ❏ 第 1 章：嵌入、潜空间和表征[①]。本章深入研究了嵌入向量、潜向量和表征之间的区别与相似性，并阐明了这些概念如何在机器学习领域中帮助我们对信息进行编码。
- ❏ 第 2 章：自监督学习。本章重点介绍自监督学习，这是一种使用大规模无标签数据集对神经网络进行监督训练的方法。
- ❏ 第 3 章：小样本学习。本章介绍了小样本学习，这是一种专门针对小规模训练数据集进行监督学习的方法。
- ❏ 第 4 章：彩票假设。本章对"随机初始化的神经网络包含更小且高效的子网络"这一观点进行了探讨。
- ❏ 第 5 章：利用数据来减少过拟合现象。本章讨论了机器学习中存在的过拟合现象，并重点探讨了通过数据增强方法和使用无标签数据来减少过拟合现象的策略。
- ❏ 第 6 章：通过改进模型减少过拟合现象。本章延续了关于过拟合现象的讨论，着重介绍了与模型相关的解决方案，如正则化、选择更小的模型，以及集成方法等。
- ❏ 第 7 章：多 GPU 训练模式。本章解释了多 GPU 配置下用于加速模型训练的各种训练模式，包括模型并行与数据并行等。
- ❏ 第 8 章：Transformer 架构的成功。本章探讨了流行的 Transformer 架构，着重讲述了注意力机制、并行化和大规模参数等特性。
- ❏ 第 9 章：生成式 AI 模型。本章对深度生成式模型进行了全面概述，这些模型用于生成各种多媒体内容，包括图像、文本和音频。此外，本章还讨论了每种模型的优势和劣势。
- ❏ 第 10 章：随机性的由来。本章讨论了深度神经网络训练中各种随机性的由来，这些随机性可能导致训练和推理过程中产生不一致和不可复现的结果。尽管随机性可能是偶然产生的，但也可以通过人为设计有意引入。

第二部分：计算机视觉。本部分主要关注与深度学习相关的计算机视觉技术，许多内容涉及卷积神经网络和 Transformer 架构。

- ❏ 第 11 章：计算参数量。本章解释了如何为卷积神经网络确定参数量，参数量对于评估模型所需的存储空间和内存大小有很大帮助。
- ❏ 第 12 章：全连接层和卷积层。本章讲解了可以用卷积层无缝替代全连接层的一些情况，这种替代操作对于硬件优化或简化模型实现来说极具价值。

---

① 在不同的机器学习相关文献中，潜空间也可能被称为隐空间、潜在空间等，表征也可能被称为表示。

❑ 第 13 章：ViT 架构所需的大型训练集。与传统卷积神经网络相比，视觉领域的 Transformer 架构需要更大的训练集，本章探讨了背后的原理。

第三部分：自然语言处理。本部分围绕文本处理相关主题展开，其中很多内容与 Transformer 架构和自注意力机制有关。

❑ 第 14 章：分布假设。作为一种语言学理论，分布假设认为上下文中出现的词往往具有相似的含义，这对于训练机器学习模型而言具有实用价值。

❑ 第 15 章：文本数据增强。本章聚焦于文本数据增强技术的重要性，这是一种人工扩大数据集规模的技术，有助于提高模型的性能。

❑ 第 16 章：自注意力。本章介绍了自注意力机制，该机制允许神经网络输入的每个片段参考其他部分的信息。自注意力机制是现代大模型中的一个关键机制。

❑ 第 17 章：编码器和解码器风格的 Transformer 架构。本章讲述了编码器和解码器风格的 Transformer 架构的细微差别，并解释了哪种类型的架构对各类自然语言处理任务最有用。

❑ 第 18 章：使用和微调预训练 Transformer。本章讲解了微调预训练大模型的几种方法，并讨论了这些方法的优缺点。

❑ 第 19 章：评测生成式大模型。本章列举了评测大模型的主要指标，如困惑度、BLEU、ROUGE 和 BERTScore。

第四部分：生产与部署。本部分涵盖了与真实场景相关的一些问题，例如推理速度提升、各种类型的分布偏移。

❑ 第 20 章：无状态训练与有状态训练。本章对部署模型时使用的无状态训练方法和有状态训练方法进行了区分。

❑ 第 21 章：以数据为中心的人工智能。本章探讨了以数据为中心的人工智能，这类方法与传统的以模型为中心的方法大不相同：前者优先通过改进数据集来提高模型性能，而后者更强调改进模型架构或其实现方式。

❑ 第 22 章：加速推理。本章介绍了在不改动模型架构或牺牲模型准确性的前提下，提高模型推理速度的技术。

❑ 第 23 章：数据分布偏移。在 AI 模型部署完成后，模型可能会面临训练数据分布和现实世界数据分布之间存在差异的现象，这被称为数据分布偏移。这些偏移可能会导致模型性能下降。本章对常见的偏移进行了分类与详细介绍，如协变量偏移、标签偏移、概念偏移和领域偏移等。

第五部分：预测性能与模型评测。本部分深入探讨了提升预测性能的各种方法，如更改损失函数、设置 k 折交叉验证，以及处理有标签数据有限的情况等。

- ❑ **第 24 章：泊松回归与序回归。** 本章聚焦于泊松回归与序回归之间的差异。泊松回归适用于遵循泊松分布的统计数据，比如在飞机上患感冒的次数。而序回归适用于有序分类数据，无须假设类别间等距，例如疾病的严重程度。

- ❑ **第 25 章：置信区间。** 本章深入探讨了如何为机器学习的分类器构建置信区间，回顾了置信区间的用途，讨论了置信区间如何估计未知的总体参数，并介绍了正态近似区间、自助法，以及使用各种随机种子进行重训练等技术。

- ❑ **第 26 章：置信区间与共形预测。** 本章讨论了置信区间与共形预测的区别。在本章中，共形预测被视为创建预测区间的一种工具，该区间以特定的概率覆盖真实结果。

- ❑ **第 27 章：合适的模型度量。** 本章聚焦于数学和计算机科学中度量模型的基本性质，并检验了机器学习中常用的损失函数是否满足这些性质，如均方误差、交叉熵损失等。

- ❑ **第 28 章：k 折交叉验证中的 k。** 本章探讨了 k 折交叉验证中 k 的角色，并就选择大 k 值的优缺点提供了一些见解。

- ❑ **第 29 章：训练集和测试集的不一致性。** 本章探讨了模型在测试数据集上比在训练数据集上表现更好的一些场景，提供了发现并解决训练集与测试集之间差异的思路，并介绍了对抗验证这一概念。

- ❑ **第 30 章：有限的有标签数据。** 本章介绍了在有标签数据有限的情况下提升模型性能的各种技术，包括数据标注、自助法，以及如迁移学习、主动学习和多模态学习等模式。

在线资源

我在 GitHub 上提供了选读的补充材料以增强你的学习体验，其中包含了部分章节的代码示例[①]。这些材料是书中所涉主题的实用扩展。你可以在阅读每一章时配合使用这些材料，也可以在阅读完每一章后利用它们巩固和扩展你的知识。

毋庸多言，让我们一起投身知识的海洋吧！

---

① 读者亦可在图灵社区本书页面 ituring.cn/book/3351 下载本书配套代码。——编者注

目　录

第一部分

神经网络与深度学习

第1章

嵌入、潜空间和表征 1

在深度学习领域，我们经常会用到**嵌入向量**、**表征**和**潜空间**这些术语。这些概念之间有哪些共性，又有哪些不同呢？

这些术语虽然经常可以替换使用，但它们之间还是存在细微的差别。

- ❑ 嵌入向量是输入数据的一种表征形式，原本相似的元素被表征为嵌入向量后，仍会保持相似性。
- ❑ 潜向量是输入数据的一种中间表征形式。
- ❑ 表征是原始输入数据的一种编码形式。

本章探讨了嵌入、潜空间和表征之间的关系，以及它们在机器学习领域中如何对信息进行编码。

1.1 嵌入

嵌入向量简称**嵌入**，能够将高维数据编码为低维向量。

我们可以通过嵌入方法，将（稀疏的）独热编码[①]转化为（非稀疏的）连续稠密向量。**独热编码**是一种将分类数据表征为二进制向量的编码方式，在这种编码方式下，每个类别都对应一个向量，该向量在分类索引对应的位置取值为 1，其余位置取值为 0，从而确保了分类取值的表征形式可以被一些机器学习算法处理。如果我们有一个颜色分类变量，有红色、绿色和蓝色三个类别，独热编码会将红色表示为$[1, 0, 0]$，绿色表示为$[0, 1, 0]$，蓝色表示为$[0, 0, 1]$。接下来，利用嵌

---

① 独热编码即 One-Hot 编码，也被称为"一位有效编码"。

入层或嵌入模块的机器学习权重矩阵，就可以将独热编码的分类变量映射到连续的嵌入向量中。

我们也可以对图像这类稠密型数据使用嵌入方法。例如，卷积神经网络的最后一层会生成嵌入向量，如图 1-1 所示。

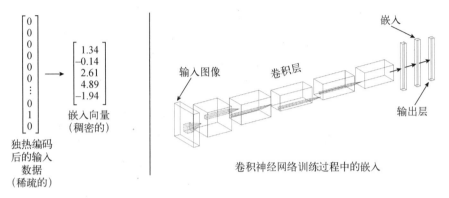

图 1-1 输入数据的嵌入（左）和神经网络中的嵌入（右）

严格意义上，神经网络所有中间层的输出都有可能产生嵌入向量。根据训练目标的不同，输出层也可能生成有用的嵌入向量。为便于理解，图 1-1 中的卷积神经网络假设倒数第二层会生成嵌入向量。

嵌入向量的维数可以比原始输入的维数更高，也可以更低。例如，通过嵌入方法，我们可以将输入数据更极致地编码为二维连续稠密向量表征形式，用于可视化展示和聚类分析，如图 1-2 所示。

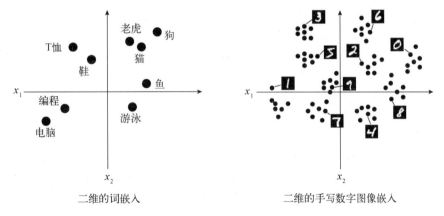

图 1-2 将词语（左）和图像（右）映射到二维特征空间

嵌入的一个基本特性是在编码时会关注输入间的**距离**或输入**相似性**。这意味着嵌入会考虑输入的语义，让相似的数据在嵌入空间中距离更近。

一些读者也许对嵌入的规范数学解释更感兴趣：嵌入是从输入空间 X 到嵌入空间 Y 保持结构的单射。所谓"保持结构"的特性，可以理解为相似的输入会被映射到嵌入空间中邻近的位置上。

1.2　潜空间

潜空间通常与**嵌入空间**同义，即嵌入向量被映射到的空间。

在潜空间中，相似的输入会映射到邻近的位置，但这并非硬性要求。更宽泛地说，我们可以将潜空间视为包含特征的任意特征空间，这些特征通常是原始输入特征的压缩版本。潜空间的特征可以通过神经网络的学习得到，如图 1-3 所示，通过自编码器可以对输入图像进行重建，从而学习这些特征。

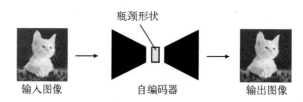

图 1-3　用于重建输入图像的自编码器

图 1-3 中的瓶颈形状部分表示一个小型的、位于中间的神经网络层，其作用是将输入图像编码或映射为更低维度的表征。我们可以认为，这种映射所指向的目标空间就是潜空间。自编码器的训练目标在于重建输入图像，换句话说，就是要尽量减小输入图像与其重建输出之间的差异。为了达成这一目的，自编码器会尝试学习如何在潜空间中将相似输入（比如说猫的图片）的特征编码放得更近些，由此便产生了有用的、能让相似的输入在嵌入空间（潜空间）中彼此靠拢的嵌入向量。

1.3　表征

表征是输入的一种编码形式，通常是输入的中间形态。如前文所说，嵌入向量或潜空间中的向量可以看作输入的一种表征。但实际上，表征也可以更简单地得到，比如独热编码向量也是输入的一种表征。

关键在于，表征融入了原始数据的一些基本特征和属性，使其在后续的数据分析和数据处理中都更易使用。

1.4 练习

1-1. 假设我们正在训练一个包含五个卷积层和三个全连接层的卷积网络，这个神经网络的设计与 AlexNet 相似，具体的架构如图 1-4 所示。

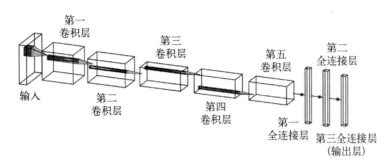

图 1-4 AlexNet 的图示

我们可以将这些全连接层视为多层感知机中的两个隐藏层和一个输出层。在这个神经网络的哪些层上，我们能够得到有效的嵌入表征呢？如果你对 AlexNet 架构及其实现感兴趣，可以查阅 Alex Krizhevsky、Ilya Sutskever 和 Geoffrey Hinton 的论文了解详细信息。

1-2. 请列举一些不属于嵌入表征的输入形式。

1.5 参考文献

❑ 关于 AlexNet 架构及其实现的论文：Alex Krizhevsky、Ilya Sutskever 和 Geoffrey Hinton 所著的 "ImageNet Classification with Deep Convolutional Neural Networks"（2012）。

第 2 章　自监督学习

什么是自监督学习？在哪些情况下自监督学习有效？实现自监督学习有哪些方法？

自监督学习是一种预训练过程，能够让神经网络以监督学习的方式学习大规模无标签数据集[①]。本章对比了自监督学习与传统的迁移学习，并讨论了自监督学习的现实应用场景，其中，迁移学习是另一种用于神经网络预训练的方法。本章还概述了自监督学习的主要类型。

2.1　自监督学习与迁移学习

自监督学习与迁移学习是相关的，迁移学习的思路是先在一种任务上预训练模型，然后将预训练好的模型作为训练起点，再应用于第二种任务继续训练。例如，假设我们想训练一个图像分类器来对鸟类进行分类。用迁移学习的方式，我们会在 ImageNet 数据集上先预训练一个卷积神经网络，这里的 ImageNet 是一个大规模有标签图像数据集，涵盖多种分类标签，比如各种物体和动物。在 ImageNet 这一通用数据集上完成预训练后，我们会基于该预训练模型继续训练，训练目标是一个更小、更具体，且含有我们感兴趣的鸟类图片的数据集（通常情况下，我们只需要改变分类任务特定的输出层，而预训练的网络结构可以照搬）。图 2-1 解释了迁移学习的过程。

---

① "无标签""未标注"和"未打标"含义相同，不同的机器学习文献中可能用词不同。反之，"有标签""标注"和"打标"的含义也相同。

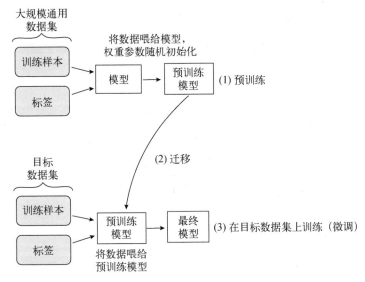

图 2-1 使用传统的迁移学习技术进行预训练

自监督学习是迁移学习的一种替代方案,它在**无标签**数据而非有标签数据上进行模型预训练。假设我们现在只有无标签数据集,也就是说我们只能基于数据本身的结构想办法生成标签,从而设计出神经网络能执行的预测任务,如图 2-2 所示。这里的自监督训练任务也被称为**代理任务**。

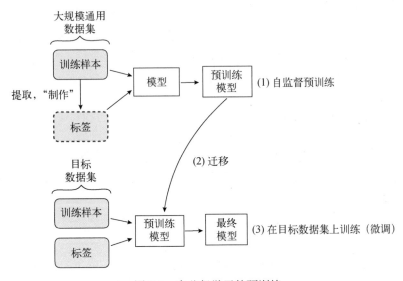

图 2-2 自监督学习的预训练

迁移学习与自监督学习的主要区别在于如何获取标签,对应于图 2-1 和图 2-2 中的步骤(1)。在迁移学习中,我们假设数据集都是有标签的,这些标签通常由人工标注。而在自监督学习中,标签可以直接从训练样本中获取。

自监督学习在自然语言处理中的任务一般是预测缺失词。例如，给定这样一个句子："外头风轻云淡又阳光明媚。"我们可以掩蔽掉"阳光明媚"这个词，将"外头风轻云淡又[MASK]"作为输入喂给模型，然后让模型预测"[MASK]"处的缺失词是什么。同样，在计算机视觉领域，我们也可以移除图像中的部分区域，让模型来填补这些空白。这只是自监督学习的两个例子，其实还有许多实现方式与案例。

从宏观角度，我们可以将代理任务中的自监督学习也视为一种**表征学习**。我们可以对预训练模型进行微调，以满足不同目标任务（也称为**下游任务**）的需求。

2.2   使用无标签数据

大型神经网络要想兼具良好的推理效果与泛化性，就需要大量的有标签数据。然而，在很多问题领域，我们无法获得足够多的有标签数据。通过自监督学习，我们可以充分利用无标签数据。因此，在只有少量有标签数据的情况下，如果要训练大型神经网络，实用方案可能还是自监督学习。

众所周知，基于 Transformer 架构的大型语言模型或视觉模型，就是通过自监督学习进行预训练，从而达到良好的效果。

对于只有两三层的感知机这样的小型神经网络来说，自监督学习通常是既不实用也不必要的。

同样，自监督学习对于传统机器学习中的非参数化模型也不实用，如基于树的随机森林和梯度增强算法。传统基于树的算法没有固定的参数结构（可以与神经网络的权重矩阵比较），因此不能进行迁移学习，与自监督学习的方式也不兼容。

2.3   自预测与对比自监督学习

自监督学习主要分为两大类：自预测和对比自监督学习。在**自预测**中，如图 2-3 所示，我们通常会更改或掩蔽输入的一部分内容，并训练模型来重建原始的输入内容，比如我们可以设置干扰用的掩蔽物来隐藏图像中的部分像素。

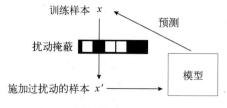

图 2-3   添加扰动后进行自预测

2

一个典型的例子是降噪自编码器，它能够学习如何从输入图像中去除噪点。我们也可以考虑掩蔽自编码器，如图 2-4 所示，它会重建图像的缺失部分。

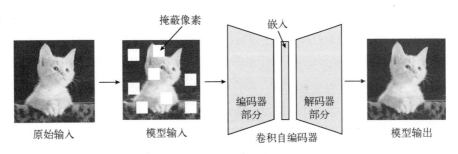

图 2-4　用掩蔽自编码器重建存在掩蔽的图像

这种通过设置[MASK]这样的噪点来掩蔽输入的自预测方法，也常用于自然语言处理任务。包括 GPT 在内的许多生成式大模型，都是在"预测下一个词"这样的代理任务上训练的（GPT将在第 14 章和第 17 章中进行更详细的讨论）。在自然语言场景下，我们提供文本片段，模型会预测该片段的下一个词是什么（在第 17 章中会进一步讨论）。

在**对比自监督学习**中，我们则是训练神经网络学习一个嵌入空间，其中，相似的输入彼此接近，而不相似的输入则相距很远。换句话说，我们训练的神经网络所产生的嵌入向量，能够使得相似训练样本之间的向量距离最小化、不相似样本之间的向量距离最大化。

不妨通过实例来看看对比自监督学习。假设我们有一个由随机动物图片组成的数据集。首先，我们随机选一张猫的图片（神经网络当然不知道"猫"这个标签，因为我们假设数据集是无标签的）。随后，我们对这张猫的图片进行数据增强、破坏或施加扰动，比如添加一个随机噪声图层，并以不同的方式裁剪图片，如图 2-5 所示。

图 2-5　对比自监督学习中的一组图像

施加扰动后的猫图片，我们仍能看出是同一只猫，因此我们希望神经网络为这两张图片生成相近的嵌入向量。

我们也会从训练集中抽取其他随机图像（例如一只大象，神经网络同样不知道它的标签）。而对于猫和大象这组图，我们希望神经网络生成的嵌入向量距离较远。如此一来，在一定程度上，神经网络既能识别出图像的核心内容，又能保持对图像中细微差异的审慎态度。例如，对于模型 $M(\cdot)$ 生成的嵌入向量之间的距离，可以选用最简单的对比损失函数 "L2 范数"（欧氏距离），损失函数会更新模型权重来减小距离 $\|M(\text{cat}) - M(\text{cat}')\|_2$，并增大距离 $\|M(\text{cat}) - M(\text{elephant})\|_2$。

图 2-6 总结了对施加过扰动的图像进行对比自监督学习的核心理念。图中的模型使用了两次，这就是所谓**孪生网络**，其本质上是同一个模型同时用于对原始样本和施加过扰动的样本生成嵌入向量。

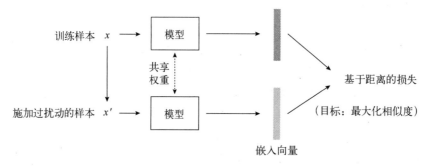

图 2-6   对比自监督学习

这个例子总结了对比自监督学习的主要思想，但实际上，对比自监督学习还存在许多变体方法，可以大致分为**样本对比**和**维度对比**两类。图 2-5 中的大象与猫的例子就是样本对比，它更关注如何增大或减小训练样本组生成的嵌入向量之间的距离。维度对比则更关注如何使训练样本组生成的嵌入向量中的一部分变量距离更近，剩余变量的距离更远。

2.4   练习

2-1. 如何将自监督学习应用于视频数据？

2-2. 自监督学习可以用于行列形式的表格数据吗？如果可以，该如何实现？

2.5   参考文献

☐ 参考维基百科获取更多关于 ImageNet 数据集的信息。

❑ 对比自监督学习的实例：Ting Chen 等人所著的 "A Simple Framework for Contrastive Learning of Visual Representations"（2020）。

❑ 维度对比方法的实例：Adrien Bardes、Jean Ponce 和 Yann LeCun 所著的 "VICRegL: Self-Supervised Learning of Local Visual Features"（2022）。

❑ 如果你想自己实践自监督学习，可以参考：Randall Balestriero 等人所著的 "A Cookbook of Self-Supervised Learning"（2023）。

❑ 关于如何在小型多层感知机上实现表格数据的迁移学习和自监督学习的论文：Dara Bahri 等人所著的 "SCARF: Self-Supervised Contrastive Learning Using Random Feature Corruption"（2021）。

❑ 提出上述方法的另一篇论文：Roman Levin 等人所著的 "Transfer Learning with Deep Tabular Models"（2022）。

第 3 章

小样本学习

什么是小样本学习？它与传统的监督学习训练流程有何不同？

小样本学习是一种监督学习方法，它适用于训练集较小且每个标签的样本量都非常有限的情况。在一般的监督学习训练中，模型会多次遍历训练集，每次学到的都是标签固定的数据。小样本学习则依赖于所谓的"支撑集"，它会通过支撑集创建多个训练任务，并将这些任务编排成一个训练回合[①]，其中每个训练任务都会包含不同标签的样本。

3.1 数据集与术语

在监督学习中，我们会让模型去拟合训练数据集，并在测试数据集上对模型进行评测。训练集中，每个标签通常都会有较多样本。举个例子，假设监督学习用的鸢尾花数据集中，每个标签各有 50 个样本，这其实是一个很小的数据集。对于深度学习模型而言，即便是像 MNIST 这样每个标签有 5000 个训练样本的数据集，也是非常小的。

在小样本学习中，每个标签下的样本量远小于常规的机器学习任务。定义小样本学习任务时，我们一般使用 "N-way K-shot" 这个术语，其中 N 代表标签数，K 代表每个标签的样本数。常见的 K 值是 1 或 5。例如，在一个 5-way 1-shot 的任务中，意味着会有 5 个不同的标签，每个标签仅有一个样本。图 3-1 使用更小的 3-way 1-shot 为例来解释这一概念。

---

① 此处"回合"是 episode 的翻译，后文亦同。

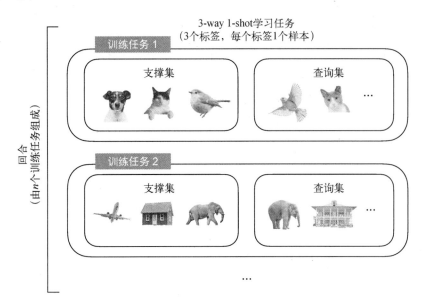

图 3-1　小样本学习训练任务

与其说小样本学习是在让模型拟合训练数据集，不如说它是在让模型"学会如何学习"。与监督学习不同，小样本学习不是直接使用训练数据集，而是使用所谓的**支撑集**。我们实际上是模拟"使用模型进行推理"的各种场景，从支撑集中抽样，形成训练任务。每个训练任务都附带一个用于推理的查询集。模型会在从支撑集中抽样而成的训练任务上进行训练，每次训练任务完成，称为一个回合。

接着，在测试阶段，模型将接收到一个与训练阶段碰到的标签完全不同的新任务。在训练中遇到的标签也被称为**基类**，支撑集通常也被称为**基集**。测试阶段的任务同样是对查询集进行分类。其实测试任务与训练任务类似，只是测试阶段要推理的标签与训练过程中遇到的标签不会重复，如图 3-2 所示。

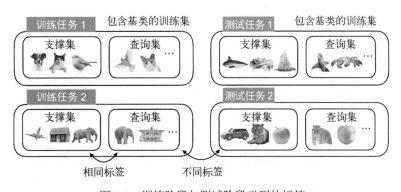

图 3-2　训练阶段与测试阶段碰到的标签

如图 3-2 所示，在训练阶段，支撑集和查询集都有同一标签的不同图像数据，测试阶段也是如此。然而，请注意，测试阶段的支撑集和查询集中的标签与训练阶段使用的是不同的。

小样本学习有许多不同的类型。最常见的类型是**元学习**，其本质上是更新模型的参数，以便模型能够更好地**适应**新任务。在宏观层面，一种小样本学习方法，就是训练一个模型使其能生成输入的嵌入表征，通过嵌入表征，就可以在支撑集中进行最近邻搜索，从而找到目标标签。图 3-3 通过一个示例进行了说明。

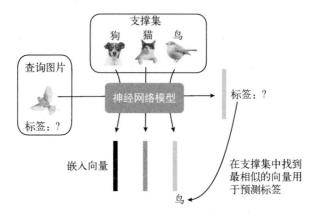

图 3-3   学习生成更适用于标签分类的嵌入表征

模型学会如何从支撑集中生成更好的嵌入表征，从而根据所找到的表征最相似的嵌入向量，对我们要推理的图像输出标签。

3.2   练习

3-1. MNIST 是经典且流行的机器学习数据集，由 50 000 个手写数字图像组成，共有 10 个标签，对应数字 0 到 9。如何划分 MNIST 数据集用于小样本学习？

3-2. 有哪些真实应用场景或案例适用小样本学习？

第 4 章

彩票假设

什么是彩票假设？如果彩票假设所言为真，它在实践中有哪些用途？

彩票假设是一个关于神经网络训练的概念，它认为在一个随机初始化的神经网络中，存在着这样一个子网络（也称为"中奖彩票"）：如果单独训练，在训练步骤相同的情况下，能在测试集上达到与完整的网络一样高的正确率。这个假设在 2018 年由 Jonathan Frankle 和 Michael Carbin 首次提出。

本章分步讲解了彩票假设，并介绍了**权重剪枝**技术，这是彩票假设中创建更小子网络的关键技术之一。本章还讨论了这一假设的实际意义和局限性。

4.1 彩票假设的训练流程

图 4-1 通过四个步骤演示了彩票假设的训练流程，我们将逐一讨论这些步骤，以帮助大家理解这一概念。

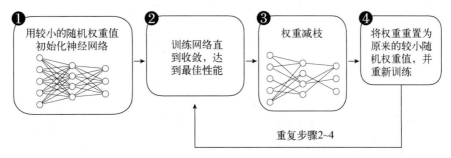

图 4-1　彩票假设的训练流程

在图 4-1 中，我们先从一个大型神经网络❶开始，训练它直至收敛❷，也就是说我们会尽力让这个模型在目标数据集上表现得足够好（比如让训练损失最小化、分类正确率最大化）。这个大型神经网络像往常一样使用较小的随机权重值进行初始化。

接下来，如图 4-1 所示，我们对神经网络的权重参数进行剪枝❸，将它们从网络中移除。我们可以通过将权重设为零，创建出稀疏权重矩阵，从而实现这一点。此处我们可以对单个权重剪枝，这称为**非结构化剪枝**，也可以对网络中较大的“块”剪枝，比如整个卷积滤波器通道，这称为**结构化剪枝**。

彩票假设在最开始遵循名为**迭代幅值剪枝**的理念，在这个理念下，幅值最小的权重会以迭代的形式被移除。（我们会在第 6 章再次讨论迭代剪枝的概念，届时也会讨论减少过拟合现象的技术。）

剪枝完成后，我们将权重重置为图 4-1 中第 1 步使用的原始小随机值，并对剪枝后的网络进行训练❹。需要强调的是，我们不会用任何较小的随机权重值对剪枝后的网络再次初始化（这是迭代幅值剪枝的典型做法），而是复用第 1 步的权重值。

接着，我们重复第 2 步第 4 步的剪枝步骤，直到网络达到我们期望的大小。以关于彩票假设的原始论文为例，作者们成功地将网络缩减到其原始大小的 10%，并且分类正确率没有降低。此外，一个额外的好处是，剪枝后的（稀疏）网络，也就是所谓的**中奖彩票**，甚至比原始的（大型密集）网络展现出了更好的泛化性。

4.2　实际意义与局限性

如果我们能找到与十倍大的网络有相同预测性能的更小子网络，这对神经网络的训练和推理都有重大意义。考虑到现代神经网络架构在不断进化，这项工作有助于降低训练成本和基础设施投入。

听起来是不是过于美好了？也许吧。如果能够有效识别出中奖彩票，在实际应用中将非常有帮助。然而，到目前为止，仍没有办法在不训练原始网络的情况下找到这些中奖彩票。如果算上剪枝步骤，这个训练过程甚至可能比常规过程成本还高。而且，在关于彩票假设的原始论文发表后，研究人员发现，原始权重初始化可能不适用于寻找大规模网络的中奖彩票，剪枝网络的初始权重还需要进一步的实验探索。

好消息是，中奖彩票确实存在。即便目前尚不能在不训练它们所属的大型神经网络的情况下就把它们识别出来，但在训练之后，它们仍可以用来进行更高效的推理。

4.3 练习

4-1. 假设我们正在尝试验证彩票假设，但发现子网络的性能并不是很理想（与原始网络相比），接下来我们可以尝试哪些步骤呢？

4-2. ReLU（Rectified Linear Unit，线性整流单元）激活函数因其简单高效而成为神经网络训练中最受欢迎的激活函数之一，特别是在深度学习中，它有助于缓解梯度消失等问题。ReLU 激活函数由数学表达式 $\max(0, x)$ 定义。这意味着如果输入 x 是正数，函数就返回 x；但如果输入是负数或 0，函数就返回 0。那么，彩票假设与使用 ReLU 激活函数训练神经网络有何关联呢？

4.4 参考文献

- 关于彩票假设的论文：Jonathan Frankle 和 Michael Carbin 所著的 "The Lottery Ticket Hypothesis: Finding Sparse, Trainable Neural Networks"（2018）。
- 提出结构化剪枝方法，用于从网络中移除更大模块（如整个卷积滤波器）的论文：Hao Li 等人所著的 "Pruning Filters for Efficient ConvNets"（2016）。
- 对彩票假说的后续研究表明，原始的权重初始化方法可能不适用于寻找大规模网络中的中奖彩票，需要对剪枝后网络的初始权重进行额外的实验：Jonathan Frankle 等人所著的 "Linear Mode Connectivity and the Lottery Ticket Hypothesis"（2019）。
- 一种改进的彩票假设算法找到了与大型神经网络性能一致的更小的网络：Vivek Ramanujan 等人所著的 "What's Hidden in a Randomly Weighted Neural Network?"（2020）。

第5章

利用数据来减少过拟合现象

假设我们用监督学习训练了一个神经网络分类器，但发现它出现了过拟合现象。那么从数据层面入手，有哪些常用方法能帮助我们减少过拟合现象呢？

过拟合是机器学习中常会遇到的问题，它是指模型对训练数据拟合得过于紧密，导致学习到了数据的噪声和异常值，而非数据背后的真实规律。结果就是，模型在训练数据上表现良好，但在未见过的数据或测试数据上都表现不佳。虽然我们有一些方法可以缓解过拟合问题，但很难将之彻底消除。因此，我们的目标就是尽可能将过拟合最小化。

减少过拟合现象最有效的方式是采集更多高质量的有标签数据。但如果我们无法得到更多有标签数据，也可以通过增强现有数据或利用无标签数据进行预训练等方法来应对过拟合。

5.1 常用方法

本章总结了一些与数据集相关且效果显著的技术案例，这些案例都历经了时间的考验，大致可以分为以下三类：采集更多数据、数据增强、预训练。

5.1.1 采集更多数据

减少过拟合现象最好的方式之一是采集更多（高质量的）数据。我们可以绘制学习曲线来判断模型是否会从更多数据中受益。为了构建学习曲线，我们让模型在不同大小的训练集（如完整数据集的 10%、20% 等）上进行训练，并在大小不变的验证集或测试集上对训练后的模型进行评估[①]。

---

① 此处"大小不同"是指从原始训练集中抽样不同数量的训练数据，如原始训练集中 10% 或 20% 的数据；"大小不变"是指每次评估使用的验证集或测试集都相同。为避免歧义，特此说明。

如图 5-1 所示，随着训练集大小的增加，模型在验证集上的准确性也会提高。这表明，通过采集更多数据能够提升模型性能。

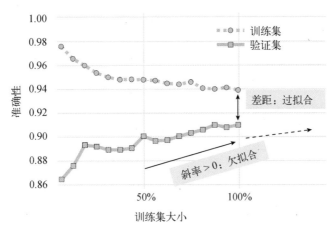

图 5-1 不同大小的训练集下的模型学习曲线图

模型在训练集与验证集上表现的差距，反映了过拟合的程度——差距越大，表明过拟合越严重。反之，如果验证集上的正确率随着训练集的增大而提高，说明模型存在欠拟合问题，投喂更多数据可能会有帮助。通常来说，采集更多的数据能够缓解模型的欠拟合和过拟合问题。

5.1.2 数据增强

数据增强是指基于现有数据生成新的数据样本或特征，它能在不采集额外数据的情况下扩充数据集。

通过数据增强技术，我们能够生成原始输入数据的多个不同的版本，从而有助于提升模型的泛化性。为什么呢？这是因为数据增强后，模型不容易从训练样本或特征中记住虚假信息，以图像数据处理为例，模型将很难记住特定像素位置的精确像素值。图 5-2 展示了一些常见的图像数据增强技术，如提高亮度、翻转和裁剪等。

数据增强技术广泛应用于图像数据（见图 5-2）和文本数据（第 15 章将进一步讨论），也有针对表格数据的数据增强方法。

原图　　　　　　　　提高亮度　　　　　　　倾斜

水平翻转　　　　　　　裁剪　　　　　　　移除背景

图 5-2　选用不同的图像数据增强技术

　　除了采集更多数据和增强现有数据，我们还可以创造全新的合成数据。尽管这种做法更多见于图像数据和文本数据，但对于表格型数据集来说也是可行的。

5.1.3　预训练

　　正如第 2 章所提到的，自监督学习允许我们通过大型无标签数据集对神经网络进行预训练，这也有助于减少在较小的目标数据集上发生的过拟合现象。

　　作为自监督学习的替代方案，我们也可以选择在大型有标签数据集上进行传统的迁移学习。如果有标签数据集与目标领域高度相关，迁移学习将特别有效。比如说，我们训练一个模型来识别不同的鸟类，我们可以先在一个包含多种动物的大型通用动物分类数据集上对网络进行预训练。但是，如果没有符合要求的大型数据集，我们也可以在范围相对较大的 ImageNet 数据集上进行预训练。

　　有时数据集可能非常小，监督学习不适用，比如每个标签下只有少数几个样本。如果我们的分类器需要在无法获取更多有标签数据的情况下工作，我们可以考虑小样本学习。

5.2　其他方法

　　前一节介绍了减少过拟合现象的主要方法，这些方法都面向数据集实现，但并不是全部策略，其他常见的技术还包括：

- 特征工程和标准化
- 加入对抗样本和标签或特征噪声
- 标签平滑
- 更小的训练批次
- 其他数据增强技术，如 Mixup、Cutout 和 CutMix 等

下一章，我们将从模型角度进一步介绍减少过拟合现象的其他技术，并讨论我们在实际操作中应该考虑哪些正则化技术[①]。

5.3 练习

5-1. 假设我们正在基于合作方人工提取的特征，使用 XGBoost 模型来对图像进行分类。尽管我们的有标签训练样本数量不多，但幸运的是，我们的合作方从之前一个相关领域的旧项目中，找到了另一个有标签训练数据集。我们正在考虑采用一种名为迁移学习的方法来训练 XGBoost，你觉得是否可行？如果可行，应该怎么做呢？（假设我们只能使用 XGBoost 模型，不能使用其他分类算法或模型。）

5-2. 假设我们在做一个基于 MNIST 的手写数字识别项目，为防止模型过拟合，我们给数据添加了不少变化。但遗憾的是，弄完之后模型的正确率不升反降。这可能是什么原因造成的呢？

5.4 参考文献

- 关于表格数据增强的论文：Derek Snow 所著的 "DeltaPy: A Framework for Tabular Data Augmentation in Python"（2020）。
- 提出 GReaT 方法的论文，GReaT 方法是一种利用自回归生成式大模型来创建合成表格数据的技术：Vadim Borisov 等人所著的 "Language Models Are Realistic Tabular Data Generators"（2022）。
- 提出 TabDDPM 方法的论文，TabDDPM 方法是一种利用扩散模型生成合成表格数据的技术：Akim Kotelnikov 等人所著的 "TabDDPM: Modelling Tabular Data with Diffusion Models"（2022）。
- scikit-learn 的用户指南中有一部分专门讲了数据预处理方法，其中包括特征缩放和标准化等技术，这些方法能够有效提升模型性能。

[①] 正则化技术这一名词在原文中未提供更多解释，读者可以理解为减少过拟合的这一类技术的统称。

❑ 这篇文献综述介绍了如何用含噪声的有标签数据来训练稳健的深度学习模型，它深入研究了可以减少错误或误导性输出的一些技术：Bo Han 等人所著的 "A Survey of Label-noise Representation Learning: Past, Present and Future" (2020)。

❑ 这篇文章提出，使用随机梯度下降法对深度神经网络进行训练时，控制批次大小与学习率之间的比例，对于模型达到良好性能是至关重要的，并提供了相应的理论与事实依据：Fengxiang He、Tongliang Liu 和 Dacheng Tao 所著的 "Control Batch Size and Learning Rate to Generalize Well: Theoretical and Empirical Evidence" (2019)。

❑ 对抗样本是被专门构造用于误导模型的输入数据，通过加入对抗样本，能够让模型更具稳健性，从而增强其推理能力。这种做法通过引入施加扰动的样本，间接地训练模型抵御此类干扰，以提高其在实际应用中的表现。相关论文如下：Cihang Xie 等人所著的 "Adversarial Examples Improve Image Recognition" (2019)。

❑ 标签平滑是一种正则化技术，通过用折中的标签取值替换数据集中硬性的 0、1 取值，来减轻潜在的不正确标签对模型的影响。这种方法使模型对标签的处理更加灵活，有助于提高模型的泛化性。相关论文如下：Rafael Müller、Simon Kornblith 和 Geoffrey Hinton 所著的 "When Does Label Smoothing Help?" (2019)。

❑ Mixup 是一项深受欢迎的技术，它通过将数据组混合在一起训练神经网络，来提升模型的泛化性和稳健性：Hongyi Zhang 等人所著的 "Mixup: Beyond Empirical Risk Minimization" (2018)。

第 6 章

通过改进模型减少过拟合现象 6

假设我们通过监督学习训练了一个神经网络分类器，并且已经采用了多种与数据集相关的技术来减少过拟合。我们还能如何调整模型或改进训练流程，来进一步减轻过拟合的影响呢？

要应对过拟合问题，最有效的方法包括 Dropout[①]、权重衰减等正则化技术。一般来说，模型的参数量越大，就需要越多的训练数据来达到良好的泛化性。因此，缩减模型规模和容量有时也能帮助缓解过拟合问题。此外，构建集成模型也是应对过拟合非常有效的手段之一，但这会增加计算成本。

本章简要介绍了通过改进模型来减少过拟合的主要思路和技术，并对这些方法进行了比较，最后讨论了如何选择合适的减少过拟合的方法，这里面也包括前一章讨论的方法。

6.1 常用方法

通过改进模型或训练流程来减少过拟合的技术，可以大致分为三类：正则化、选择更小的模型、构建集成模型。

6.1.1 正则化

我们可以将正则化理解为针对模型复杂度的惩罚机制。神经网络中的经典正则化技术包括 L2 正则化及相关的权重衰减方法。我们可以在训练过程中给损失函数添加一个惩罚项，实现 L2

---

① 可以翻译为"丢弃法"，大部分文章中直接使用 Dropout 原词，故本书也不作翻译。

正则化。这个额外的惩罚项需要能够体现权重的大小，比如权重的平方和。以下公式就是一个 L2 正则化损失函数：

$$正则化损失 = 损失 + \frac{\lambda}{n} \sum_j w_j^2$$

这里的 λ 是一个超参数，用于调节正则化的力度。

在反向传播过程中，优化器会尽可能最小化包含了额外惩罚项的损失函数[①]。这会使模型的权重变小，有助于提升模型对未知数据的泛化性。

权重衰减在本质上与 L2 正则化类似，但权重衰减直接作用于优化器，而非损失函数。由于权重衰减和 L2 正则化效果一样，所以这两种方法也常被视为同义词。但根据实现细节，以及所使用的优化器，二者之间还是存在一些细微差别。

很多其他方法也能起到正则化的效果。为简单起见，我们只讨论另外两种更常用的方法：Dropout 和早停法。

Dropout 会在训练期间随机将一些隐藏层单元的激活值设为零，从而减少过拟合现象。这样一来，神经网络的激活将不依赖于特定神经元。反之，网络会更大限度地利用神经元，并学会对相同数据产生多个不同的独立表征，这有助于降低过拟合风险。

在早停法中，我们会在训练时密切观察模型在验证集上的表现，一旦发现模型在验证集上的性能开始下降，立即停止训练，如图 6-1 所示。

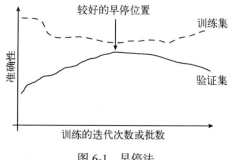

图 6-1　早停法

从图 6-1 中我们可以看到，随着模型在训练集和验证集上的准确性的差距逐渐缩小，验证集上的准确性也在提高。两者最接近的那个点，通常就是过拟合最少的地方，也是比较适合我们早停的地方。

[①] 原文未介绍优化器的概念，读者可以简单理解为：损失函数用于评价神经网络的训练效果，而优化器用于让损失函数降至最低。

6.1.2 选择更小的模型

经典的偏差–方差理论指出，缩小模型规模也可以减少过拟合。这种理论的基本思想是，一般情况下模型参数越少，模型记住或者过度拟合数据中的噪声的能力也越弱。接下来我们会讨论缩小模型规模的方法，包括剪枝与知识蒸馏。剪枝就是从模型中移除参数，知识蒸馏是将模型的知识转移到一个更小的模型中。

除了在调整超参数时减少模型层数或减小层宽度，我们还可以用**迭代剪枝法**得到更小的模型。迭代剪枝就是先训练一个大模型，在原始数据集上取得不错的性能后，再逐步去除模型参数，并在数据集上重新训练，训练应当保持模型的预测性能与原模型相同。（第 4 章讨论的彩票假设就使用了迭代剪枝法。）

缩小模型规模的常用方法还有**知识蒸馏**，其核心思想是将一个大而复杂的模型（我们称之为**教师**模型）的知识转移到一个更小的模型（我们称之为**学生**模型）中。理想情况下，学生模型能够达到与教师模型相同的预测性能，但由于规模更小，学生模型的运行效率会更高。还有一个好处是，较小的学生模型可能比较大的教师模型更不容易产生过拟合现象。

图 6-2 演示了知识蒸馏的基本流程。首先，教师模型通过常规的监督学习进行训练，并使用传统的交叉熵损失来确保能够准确分类数据集中的样本，损失是根据预测分数与真实标签之间的差异来计算的。小一号的学生模型会在同一个数据集上接受训练，但它的训练目标是同时减小（a）学生模型输出与分类标签之间的交叉熵，以及（b）学生模型输出与教师模型输出之间的差异（这里的差异通过 Kullback–Leibler 散度[①]来衡量，这种度量方式会比较两个概率分布在信息量上的相对偏差，从而量化差异大小）。

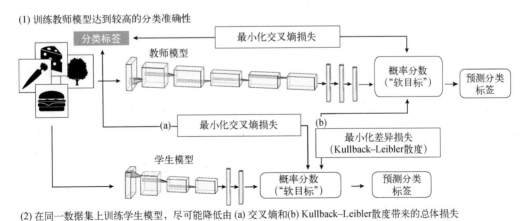

(1) 训练教师模型达到较高的分类准确性

(2) 在同一数据集上训练学生模型，尽可能降低由 (a) 交叉熵和 (b) Kullback–Leibler 散度带来的总体损失

图 6-2 知识蒸馏的基本流程

---

① 可以简写为 KL 散度，也称为相对熵。

通过最小化 KL 散度，也就是教师模型和学生模型分数分布之间的差异，学生模型在变得更精简和高效的同时，还学会了模仿教师模型。

使用小模型的注意事项

虽然剪枝和知识蒸馏都可以提高模型的泛化性，但这两种方法并不是减少过拟合的主要手段，也不够有效。

早期研究成果表明，为模型"瘦身"或知识蒸馏能够提高它们的泛化性，其原因可能是模型变得更精简了。但令人意想不到的是，最新研究揭示了一个有趣的现象：那些参数特别多的大模型，在训练到一定程度，甚至超过过拟合点后，泛化性反而会增强。比如说**双下降**这个词就是指参数特别少或者特别多的模型泛化能力都很不错，但是在参数量刚好和训练数据一样多的情况下，模型的泛化性就不那么好了。还有一种叫**顿悟**[①]的现象，通常出现在数据集较小、模型过度优化的情况下，此时模型可能会在已经过拟合之后继续提升泛化性。

一方面，缩减模型参数能提高它的泛化性，另一方面，从双下降和顿悟现象中却得出了相反的结论，我们该如何理解？研究人员最近表明，训练流程的改进能在一定程度上解释为什么剪枝能减少过拟合。剪枝涉及更长时间的训练和重新调整学习率计划，这些行为可能对提升模型的泛化性有一定贡献。

剪枝和知识蒸馏确实是提高模型运算效率的好办法，但它们虽能提升模型在新数据上的表现，在减少过拟合方面仍不是首选或最有效的方法。

6.1.3　集成方法

集成方法就是将多个模型的预测结果结合到一起，提高整体的预测效果。不过，用多个模型的代价是会让计算成本增加。

我们可以把集成方法看作向一个专家委员会咨询意见，然后用某种策略综合他们的判断来做出最终的决定。委员会中的成员通常有着不同的背景和经验，虽然他们在基本的决策上通常意见一致，但通过多数投票的方式，也能否决掉不好的决策。这并不意味着多数成员的决定一定是对的，但比起单个成员独断，委员会多数成员意见正确的可能性要更高。

最简单的集成方法是多数投票。我们训练 k 个不同的分类器，对给定的输入，收集这些分类器的预测结果。最后我们选择出现频率最高的标签作为预测结果。如果出现平票，一般会根据置信度得分随机选择一个标签，或选择索引值最小的标签。

集成方法在传统机器学习中的应用比在深度学习领域更广，因为运用多个模型比依赖单一模

[①] "顿悟"为 grokking 的翻译，由于这个词没有标准译名，文献中一般也多以原词出现。

型的计算成本要高。换句话说,深度神经网络需要大量的计算资源,不太适合用集成方法。

虽然集成方法中的随机森林和梯度提升等技术更热门,但多数投票和叠加等方法可以对任意模型进行组合,比如一次集成可以由支持向量机、多层感知机和最近邻分类器组成。这里的叠加(也称为**堆叠泛化**)是多数投票的一种更高级的变体方法,它会训练一个新模型来整合其他模型的预测结果,而非依据多数投票结果。

业界构建模型常用的技术是 *k* **折交叉验证**,这是一种在 *k* 个训练子集上分别进行训练和验证的模型评测方法。我们会对迭代性能指标的均值进行 *k* 次计算,来评测模型的整体表现。评测完成后,我们可以选择在整个训练集上重新训练模型,或者将各个单独训练出来的模型组成一个集成模型,就像图 6-3 展示的这样。

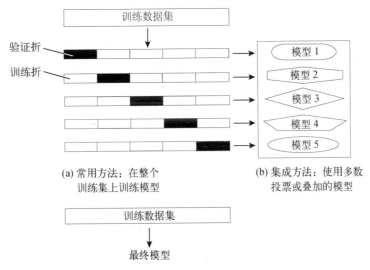

图 6-3　通过 *k* 折交叉验证构建模型集成

如图 6-3 所示,*k* 折集成方法每次使用 *k*−1 个训练子集(训练折)进行训练,最终得到 *k* 个模型。在各自的验证子集(验证折)上评测这些模型后,我们可以将这些模型组合成一个多数投票分类器,或者利用叠加技术构建一个集成模型。叠加技术通过一个元模型来整合多个分类或回归模型。

虽然集成方法有可能减少过拟合现象,并提升模型稳健性,但并非适合所有情况。比如,管理和部署一系列模型就是潜在缺点,集成可能比使用单一模型更加复杂,也更耗费计算资源。

6.2　其他方法

到目前为止,本书介绍了一些减少过拟合的主要技术。第 5 章讲解了从数据角度出发减少过拟合的方法。此外还有一些通过修改模型来减少过拟合的方法，包括跳跃连接（如残差网络）、前瞻优化器、随机权重平均、多任务学习和快照集成等。

　　尽管这些技术最初并不是为了减少过拟合而设计的，但像批归一化（BatchNorm）和层归一化（LayerNorm）这样的层输入归一化技术都可以使训练过程更稳定，并且一般都会有正则化效果，有助于减少过拟合。权重归一化（WeightNorm）不限制层输入，它通过规范模型权重也能带来更好的泛化性提升，但这种效果并不像权重衰减这么直接，因为权重归一化并不像权重衰减那样显式地起到正则化作用。

6.3　选择正则化技术

　　提高数据质量是减少过拟合的第一步。然而，对于那些参数量庞大的现代深度神经网络，我们需要采取更多措施才能将过拟合降低到可接受的水平。因此，数据增强和预训练，加上像 Dropout 和权重衰减这样的成熟技术，仍是减少过拟合的重要途径。

　　在实操当中，我们可以也应该同时采用多种方法来减少过拟合，以此达到叠加效果。要获得最佳效果，我们应该把如何选择这些技术当作一个超参数优化问题来对待。

6.4　练习

6-1. 假设我们使用早停法来减少过拟合，这里特指的是一种新型变种早停法，它会在训练过程中保存最佳的模型检查点（例如，验证集上正确率最高的点），这样我们就可以在训练结束后加载检查点。大部分现代深度学习框架都支持这种机制。然而，有同事建议我们尝试调整训练轮数。早停法和调整训练轮数各有什么优缺点呢？

6-2. 集成方法已经被视为减少过拟合、增强预测可靠性的有效方法，但这也不是没有成本的。使用集成技术有哪些潜在不足呢？

6.5　参考文献

❑ 关于 L2 正则化与权重衰减的区别，请参阅：Guodong Zhang 等人所著的 "Three Mechanisms of Weight Decay Regularization"（2018）。

❑ 研究结果表明，剪枝和知识蒸馏能够提升模型的泛化性，这可能是因为模型规模缩小了：Geoffrey Hinton、Oriol Vinyals 和 Jeff Dean 所著的 "Distilling the Knowledge in a Neural Network"（2015）。

- 经典的偏差–方差理论表明，缩减模型规模可以减少过拟合：Jerome H. Friedman、Robert Tibshirani 和 Trevor Hastie 所著的 "Model Selection and Bias-Variance Tradeoff"（2009）。
- 彩票假设通过知识蒸馏来寻找具有与原网络相同预测性能的更小的网络：Jonathan Frankle 和 Michael Carbin 所著的 "The Lottery Ticket Hypothesis: Finding Sparse, Trainable Neural Networks"（2018）。
- 关于双下降的更多信息，请参考维基百科。
- 顿悟现象表明，泛化性可以在过拟合之后继续得到改善：Alethea Power 等人所著的 "Grokking: Generalization Beyond Overfitting on Small Algorithmic Datasets"（2022）。
- 最近的研究表明，改进训练流程能在一定程度上解释为什么剪枝能减少过拟合：Tian Jin 等人所著的 "Pruning's Effect on Generalization Through the Lens of Training and Regularization"（2022）。
- 在之前的讨论中，Dropout 被视为一种正则化技术，但它也可以被视为一种近似于多个网络的加权几何平均值的集成方法：Pierre Baldi 和 Peter J. Sadowski 所著的 "Understanding Dropout"（2013）。
- 正则化技术组合需要根据每个数据集进行调优：Arlind Kadra 等人所著的 "Well-Tuned Simple Nets Excel on Tabular Datasets"（2021）。

6

第 7 章

多 GPU 训练模式

有哪些不同的多 GPU 训练模式？这些模式各有什么优缺点？

多 GPU 训练模式可以分为两类：一类是将数据分割后在多个 GPU 上并行处理，另一类是当模型大小超过单个 GPU 的显存时，将模型分割到多个 GPU 上处理。数据并行属于第一类，而模型并行和张量并行属于第二类。流水线并行则融合了这两类模式的思想。此外，现在像 DeepSpeed、Colossal-AI 这些产品也将多种思想结合，形成了新的混合方案。

本章将主要介绍几类训练模式，并提供一些在实践中可行的建议。

注意　本章主要使用 GPU 来描述并行处理硬件。当然，也有其他专用硬件设备可用于讨论同一概念，如张量处理单元（TPU）或其他加速器，使用何种设备取决于具体系统的特定架构和需求。

7.1　训练模式

接下来将讨论模型并行、数据并行、张量并行和序列并行等多 GPU 训练模式。

7.1.1　模型并行

模型并行，也称为**操作间并行**，是一种将大模型的不同部分放到不同的 GPU 上按序计算的技术，计算的过程数据会在不同设备间传递。这项技术让那些不适合单设备的模型能够得到训练和部署，但同时也需要更复杂的调度能力来管理模型在不同模块间的依赖关系。

模型并行是跨设备并行中最直观的。举个例子，对于仅有一个隐藏层和一个输出层的简单神经网络，我们可以将两层分别放在不同的 GPU 上。这种做法也可以扩展至任意数量的层和 GPU。

模型并行是应对 GPU 显存限制的优秀策略，尤其是在完整网络无法适配单 GPU 的情况下。但要利用多 GPU，还有更高效的方式，比如张量并行，因为模型并行中的链式结构（第 1 层在 GPU 1 上 → 第 2 层在 GPU 2 上 → ……）会产生性能瓶颈。换句话说，模型并行的主要缺陷就是 GPU 之间必须相互等待，从而不能高效地并行工作，因为它们互相依赖彼此的输出。

7.1.2　数据并行

近几年来，多 GPU 模型训练默认采用的是**数据并行**。在该模式下，我们会将小批量数据划分成更小的微批量数据，然后让每个 GPU 分别处理一个微批量数据，并计算模型权重的损失和梯度。在所有单设备上处理完这些微批量数据后，梯度会被汇总，用于计算下一轮的权重更新。

数据并行相较于模型并行的优势在于 GPU 能够并行运行。每个 GPU 训练小批量数据中的一部分，即一个微批量。但需要注意的是，每个 GPU 都需要模型的一份完整副本。显然，如果模型大到放不进 GPU 的显存中，数据并行就不可用了。

7.1.3　张量并行

张量并行，也被称作**操作内并行**，是一种更高效的模型并行形式。在张量并行中，我们将权重和激活矩阵拆分到各个设备上，而非将不同的模型层分散到各个设备上。矩阵拆分使得我们能将矩阵乘法分布到多个 GPU 上执行。

我们可以运用线性代数的基本原理来实现张量并行。如图 7-1 所示，我们在两个 GPU 上按行或按列分割矩阵乘法进行计算。（这个思路可以扩展到任意数量的 GPU 上。）

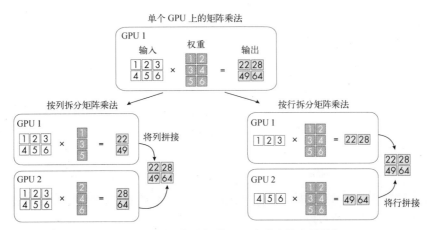

图 7-1　在不同设备之间分配矩阵乘法的张量并行

与模型并行类似，张量并行能够绕过内存限制。同时，我们也能像数据并行那样并行执行操作。

张量并行的一个小缺点是，它可能导致多个 GPU 之间进行矩阵分割的通信开销变高。例如，张量并行需要在设备间频繁同步模型参数，这可能会拖慢整体训练速度。

图 7-2 对模型并行、数据并行和张量并行进行了比较。

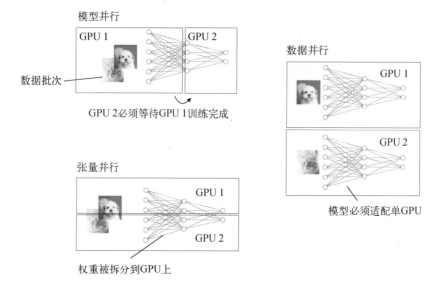

图 7-2　模型并行、数据并行和张量并行的比较

在模型并行策略下，我们将不同的层分布到不同的 GPU 上，以解决单 GPU 显存限制的问题。在数据并行中，我们将批量数据拆分到多个 GPU 上，以解决无法并行训练的问题，数据并行会计算梯度的平均值来更新权重。而张量并行则是在模型大到无法完整装载进单 GPU 显存时，将输入矩阵和权重矩阵拆分到不同的 GPU 上并行处理。

7.1.4　流水线并行

流水线并行与模型并行类似，会在前向传播时将激活值传递下去。其独特之处在于，在反向传播过程中，输入张量的梯度会被传回来，以防止设备空闲。从某种意义上讲，流水线并行是数据并行和模型并行的一种高阶混合版。

我们可以将流水线并行视为模型并行的另一种形式，其目的是最小化串行计算的性能瓶颈，增强部署在不同设备上的模型层的并行性。但流水线并行也借鉴了数据并行的思想，例如将小批量数据进一步拆分成微批量数据。

尽管流水线并行方案还未臻至完美,设备仍会有空闲时间,但无疑已经是对模型并行的升级。流水线并行的另一个缺点是,我们可能需要投入大量精力来设计和实施流水线编排及通信。此外,它带来的性能提升可能不及其他并行化技术,如纯粹的数据并行,尤其是在小模型或通信开销高的场景下。

对于那些因参数量过大而无法全部装载到 GPU 显存中的现代模型架构,更常见的做法是混用数据并行和张量并行,而非采用流水线并行。

7.1.5　序列并行

序列并行旨在解决 Transformer 架构大模型处理长序列任务时会碰到的计算瓶颈问题。Transformer 的缺点在于自注意力机制(即原架构中的缩放点积注意力)与输入序列的规模是二次方计算复杂度关系。当然,也存在相较原注意力机制更高效的一些替代方案,可以实现近乎线性的复杂度。

然而,这些高效的自注意力机制并不受欢迎,截至本书撰写之时,大多数人仍更喜欢使用原来的缩放点积注意力机制。如图 7-3 所示,序列并行方案将输入序列分割成更小的块,拆分到不同的 GPU 上,从而减少自注意力机制对计算内存的需求。

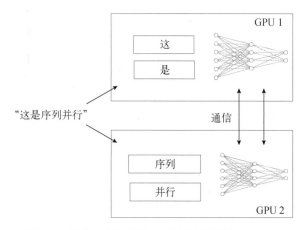

图 7-3　序列并行将长序列拆分到不同的 GPU 上

序列并行与我们之前讨论的多 GPU 技术有何关联?序列并行专用于处理有序数据,张量并行更多地针对模型的内部结构,而数据并行则针对训练数据的划分。由于这些并行策略各自针对的是计算难题的不同方面,因此理论上它们可以以不同方式结合使用,实现训练和推理过程的优化。不过与其他并行技术相比,我们对序列并行的研究还不够充分。

虽然序列并行在实践中看起来很管用,但它也像前面提到的并行技术一样引入了额外的通信开销。与数据并行类似,序列并行也需要复制模型,并确保模型能够装载到单设备内存中。序列并行的另一个缺点(取决于实现方式)是,在使用多 GPU 模式训练 Transformer 时,将输入序列分解成更小的子序列可能会降低模型的准确性(主要是应用于长序列输入时)[①]。

7.2 建议

与实践相关的建议要取决于具体情况。如果我们训练的小模型能够适配单 GPU,那么数据并行策略可能是最高效的。与数据并行等其他技术相比,流水线并行带来的性能提升可能不会那么显著,尤其是在小模型或通信开销较高的情况下。

如果模型过大,无法适配单 GPU 的显存,我们就需要尝试模型并行或张量并行。理论上,张量并行更高效,因为它与模型并行不同,不存在顺序依赖性,GPU 可以并行工作。

如今的多 GPU 策略通常结合了数据并行和张量并行的思想。

7.3 练习

7-1. 假设我们正在自己实现一套张量并行算法,当我们使用标准 SGD(stochastic gradient descent,随机梯度下降)优化器来训练模型时,效果非常好。但当我们尝试使用 Diederik P. Kingma 和 Jimmy Ba 提出的 Adam 优化器时,遇到了设备内存不足的问题。可能是什么原因导致了这个情况?

7-2. 假设我们没有 GPU 可用,在 CPU 上运用数据并行是一个好主意吗?

7.4 参考文献

❏ 关于 Adam 优化器的论文:Diederik P. Kingma 和 Jimmy Ba 所著的 "Adam: A Method for Stochastic Optimization" (2014)。

❏ 关于 DeepSpeed 和 Colossal-AI 在多 GPU 训练中的更多信息,请参阅 GitHub 上的相关页面。

❏ DeepSpeed 团队在其官网上提供了关于流水线并行的教程和研究: Yanping Huang 等人所著的 "GPipe: Efficient Training of Giant Neural Networks Using Pipeline Parallelism" (2018)。

❏ 提出在基于 Transformer 的语言模型上使用序列并行的论文:Shenggui Li 等人所著的 "Sequence Parallelism: Long Sequence Training from [a] System[s] Perspective" (2022)。

[①] 在多 GPU 训练模式下训练 Transformer,如果输入的长序列数据被切分,可能会破坏序列中的长距离依赖关系,因为 Transformer 的自注意力机制是面向整个序列的。

❑ 随 Transformer 架构一起提出的缩放点积注意力机制：Ashish Vaswani 等人所著的"Attention Is All You Need"(2017)。

❑ 一篇关于将自注意力机制复杂度降至线性的替代方案的综述：Yi Tay 等人所著的"Efficient Transformers: A Survey"(2020)。

❑ 一篇关于可以提高 Transformer 训练效率的技术的综述：Bohan Zhuang 等人所著的"A Survey on Efficient Training of Transformers"(2023)。

❑ 现代的多 GPU 策略通常结合了数据并行和张量并行的思想。典型的例子包括 DeepSpeed 的第二阶段和第三阶段，在 ZeRO（Zero Redundancy Optimizer，零冗余优化器）的教程中有相关描述。

7

第 8 章

Transformer 架构的成功

Transformer 架构取得成功的主要因素有哪些？

近年来，Transformer 架构已经成为最成功的神经网络架构，尤其是在各类自然语言处理任务上。事实上，Transformer 也几乎要成为计算机视觉领域最领先的技术。Transformer 的成功可以归因于几个关键因素，包括注意力机制、轻松并行化、无监督预训练和大规模的参数等。

8.1 注意力机制

Transformer 的自注意力机制，是使基于 Transformer 的大模型取得成功的关键设计因素之一，不过 Transformer 却并非首个采用注意力机制的架构。

注意力机制最初在 2010 年起源于图像识别领域，随后被引入循环神经网络，用于辅助长句翻译。（第 16 章将更详细地比较循环神经网络和 Transformer 中的注意力机制。）

上述注意力机制借鉴了人眼视觉的工作方式，即一次只专注于图像的特定部分，分层、有序地处理信息（类似于人眼的扫视）。相比之下，Transformer 则是一种用于文生文（如机器翻译和文本生成）的自注意力机制。Transformer 的机制使序列中的每个元素都能注意到所有其他元素，从而为每个元素提供基于上下文的表征。

是什么让注意力机制如此独特又实用？举一例说明：假设我们正在对输入序列或图像的定长表征使用编码器网络——这种网络可以是全连接型、卷积型，也可以是基于注意力的。

在 Transformer 中，编码器通过自注意力机制来计算序列中每个输入词元[①]相对于其他词元的重要程度，从而使模型能够聚焦于输入序列中相关联的部分。从概念上理解，注意力机制使得 Transformer 能重点关注输入序列或图像的不同部分。表面上看，这与全连接层颇为相似，每个输入元素都通过权重与下一层的输入元素相连。然而，在注意力机制中，注意力权重的计算涉及将每个输入元素与其他所有元素进行比较。通过这种方法得到的注意力权重是动态的，且依赖于输入。相比之下，卷积层或全连接层的权重在训练后是固定的，如图 8-1 所示。

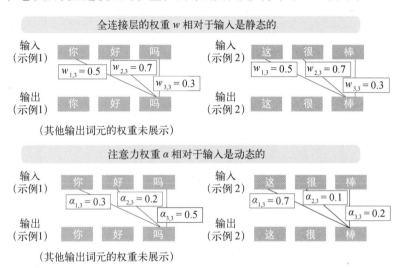

图 8-1　全连接层中的模型权重（上）与注意力权重（下）之间的概念差异

如图 8-1 上半部分所示，全连接层的权重一旦经过训练，不论输入如何，都会保持固定不变。相比之下，图 8-1 下半部分所示的注意力权重则会根据输入内容的不同而变化，即便在 Transformer 模型训练完成后亦是如此。

注意力机制使得神经网络能够有选择地判断不同输入特征的重要性，从而使模型在面对特定任务时能聚焦于输入中关联性最强的部分。这为每个词元、图像单元提供了上下文理解能力，允许模型进行更为细致的分析，这也是让 Transformer 模型表现出色的关键因素之一。

8.2　通过自监督学习进行预训练

在大规模无标签数据集上进行自监督学习，实现 Transformer 预训练，是 Transformer 模型成功背后的另一个重要因素。预训练时，Transformer 会学习预测句子中缺失的词语，或是文档中的

---

① 词元即 token，广义上指数据被分解后的最小单位，并非只能是文本单元。为便于理解，本书中 token 统一翻译为词元。

下一个句子。通过学习这些内容,模型强行掌握了能够广泛适用于各类下游任务的语言通用表征。

尽管无监督预训练在自然语言处理任务中已表现出高有效性,但是否适用于计算机视觉任务,以及效果如何,仍是研究热点。(有关自监督学习的深入讨论,请参阅第 2 章。)

8.3   大规模参数

Transformer 的一个显著特点是其庞大的模型规模。例如,2020 年备受瞩目的 GPT-3 模型就有 1750 亿个可训练参数,而其他一些 Transformer 模型,如 Switch Transformers,参数量更是达到万亿级别。

Transformer 的规模及可训练参数量,是决定其模型性能的关键因素,尤其对于大规模自然语言处理任务而言。线性尺度定律表明,随着模型规模增大,训练损失会成比例减少,这意味着模型大小翻一番,训练损失可能会减半。

这样一来,可以进一步提升模型在目标下游任务上的表现。但至关重要的是,模型规模与训练词元的数量需同步扩大,也就是说,每当模型大小翻倍,用于训练的词元数量也应增加一倍。

鉴于有标签数据是有限的,无监督预训练期间利用大量数据[1]就变得尤为重要。

总而言之,大模型与海量数据集是 Transformer 取得成功的关键要素。此外,借助自监督学习进行 Transformer 预训练,也与大模型和大数据集息息相关。这样的组合对于 Transformer 在多样的自然语言处理任务中取得成功起到了决定性作用。

8.4   轻松并行化

训练大模型需要庞大的数据集,这离不开强大的计算资源支持,并且重要的是,这些计算过程要能够并行化,以便高效地利用这些资源。

幸运的是,像其他深度学习架构一样,Transformer 通过处理词语或图像词元的序列来促进批训练中的并行化。尽管它们可以处理可变长度的序列,但在实际操作中,为了在多个序列之间高效地进行并行计算,这些序列通常会被填充或截断到固定长度。例如,大多数 Transformer 架构中采用的自注意力机制,涉及计算一对输入元素的加权和。而且,这些成对的词元间的对比可以独立进行,如图 8-2 所示,这让自注意力机制能在不同的 GPU 内核之间相对容易地实现并行计算。

---

[1] 结合上下文,此处作者的意思应是"充分利用无标签数据"。

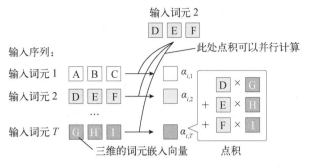

图 8-2　没有权重参数的简化版自注意力机制

此外，自注意力机制中使用的单个权重矩阵（图 8-2 中未展示）可以分布在不同的机器上，用于分布式和并行计算。

8.5　练习

8-1. 如本章所讨论的，自注意力机制很容易并行处理，但也有很多人认为 Transformer 计算成本很高。我们该如何理解这种矛盾？

8-2. 既然自注意力权重代表了各种输入元素的重要性，我们可以将自注意力视为特征选择的一种形式吗？

8.6　参考文献

❑ 图像识别领域中注意力机制的例子：Hugo Larochelle 和 Geoffrey Hinton 所著的"Learning to Combine Foveal Glimpses with a Third-Order Boltzmann Machine"（2010）。

❑ 介绍自注意力机制的 Transformer 架构的论文：Ashish Vaswani 等人所著的"Attention Is All You Need"（2017）。

❑ Transformer 模型可以有亿万级的参数：William Fedus、Barret Zoph 和 Noam Shazeer 所著的"Switch Transformers: Scaling to Trillion Parameter Models with Simple and Efficient Sparsity"（2021）。

❑ 线性尺度定律表明，随着模型规模增大，训练损失会成比例减少：Jared Kaplan 等人所著的"Scaling Laws for Neural Language Models"（2020）。

❑ 研究表明，在基于 Transformer 的语言模型中，模型大小每翻一番，训练词元量就需要加倍：Jordan Hoffmann 等人所著的"Training Compute-Optimal Large Language Models"（2022）。

❑ 更多关于自注意力和交叉注意力机制中权重的信息，见我的博客文章："Understanding and Coding the Self-Attention Mechanism of Large Language Models from Scratch"。

第 9 章

生成式 AI 模型

深度学习领域流行的深度生成式模型（也称为**生成式 AI**）有哪些类型，它们各自有哪些缺点？

深度生成式模型有多种类型，可用于生成不同类型的媒体内容，包括图像、视频、文本和音频。除了这些媒体类型外，模型还可以用于生成特定领域的数据，比如有机分子和蛋白质结构。本章首先解释什么是生成式模型，随后介绍不同类型的生成式模型，并讨论其优缺点。

9.1 生成式模型与判别式模型

在传统机器学习中，为输入数据（x）与输出标签（y）之间的关系构建模型主要有两种方式：生成式模型与判别式模型。**生成式模型**的目标是捕获输入数据的概率分布 $p(x)$，或输入数据与输出标签之间的联合概率分布 $p(x, y)$。而**判别式模型**则专注于在给定输入的条件下，对输出标签的条件概率分布 $p(y|x)$ 进行模型构建。

能体现这两种方式之间差异的经典案例，就是比较朴素贝叶斯分类器和逻辑回归分类器。这两种分类器都能估算分类标签的条件概率分布 $p(y|x)$，并且可用于分类任务。然而，我们认为逻辑回归是判别式模型，因为它直接对给定的输入特征的分类标签的条件概率分布 $p(y|x)$ 进行模型构建，而不对输入数据和输出标签的潜在联合分布做出假设。朴素贝叶斯被认为是生成式模型，因为它对输入数据 x 和输出标签 y 的联合概率分布 $p(x, y)$ 进行模型构建。通过学习联合分布，像朴素贝叶斯这样的生成式模型捕获了底层数据生成过程，使它能够在需要时从分布中生成新的样本。

9.2　深度生成式模型的类型

谈及**深度生成式模型**或深度生成式 AI 时，我们常宽泛地将此定义扩展到所有能生成逼真数据（通常是文本、图像、视频和声音）的模型上。本章剩余部分将简要介绍生成此类数据的多种深度生成式模型。

9.2.1　能量模型

EBM（energy-based model，能量模型）是生成式模型中的一种，通过学习能量函数来为每个数据点分配一个标量值（称为能量）。能量值越低，所对应数据点出现的可能性越高。该模型的目标是在训练过程中让真实数据点的能量值最小化，同时增加生成数据点的能量值。EBM 的实例有 DBM（deep Boltzmann machine，深度玻尔兹曼机）。作为深度学习早期的突破进展之一，DBM 提供了一种学习数据的复杂表征的思路。你可以将其视为一种无监督预训练方法，训练出的模型可以继续微调，并用于各类任务。

类似于朴素贝叶斯和逻辑回归，DBM 和 MLP（multilayer perceptron，多层感知机）可以分别对应到生成式模型与判别式模型两类。DBM 侧重捕获数据生成过程，而 MLP 则专注于构建不同类别间的决策边界，或是将输入映射到输出上。

DBM 包含多层隐藏节点，如图 9-1 所示，除了隐藏节点层之外，通常还有一个与可观测数据相对应的可见节点层。这个可见层充当输入层，真实数据或特征从这里输入到网络中。DBM 除了使用与 MLP 不同的学习算法（采用对比散度而非反向传播算法）外，DBM 中的节点（神经元）还是二进制的，而非连续的。

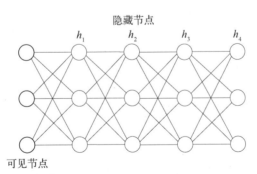

图 9-1　四层深度玻尔兹曼机，有三层隐藏节点

现假设我们要生成图像。DBM 能学习 MNIST 这类简单图像数据集中像素值的联合概率分布。为了生成新图像，DBM 会通过**吉布斯采样**从分布中进行抽样。这里 DBM 的可见层代表输入图像。DBM 首先会随机初始化可见层，或者以某个已存在的图像作为起始状态。在完成若干

轮吉布斯采样迭代后，可见层的终态即生成的图像。

DBM 作为早期的深度生成式模型之一，在历史上扮演过重要角色，但如今在数据生成方面已经不那么流行。它的训练成本较高且较为复杂，与下文即将介绍的一些更新的模型相比，其表达能力也相对较弱，容易导致生成样本的质量较低。

9.2.2　变分自编码器

VAE（variational autoencoder，变分自编码器）将变分推理与自编码器架构融合。**变分推理**通过对更简单、可处理的分布进行优化，使其尽可能接近真实的复杂概率分布，从而得到复杂概率分布的近似。**自编码器**是一种无监督神经网络，它学习如何将输入数据压缩成更低维的表征（编码过程），然后通过最小化重建数据的误差，从低维表征中重新构造出原始数据（解码过程）。

VAE 模型包含两个主要子模块：一个编码器网络和一个解码器网络。比如，编码器网络接收一张输入图片，并通过学习潜变量上的概率分布，将其映射到一个潜空间。这个分布通常建模为高斯分布，其参数（均值和方差）是由输入图像决定的函数。接着，解码器网络从学习到的潜分布中抽样，并根据此样本重建输入图像。VAE 的目的是学习既紧凑又具有高度表达能力的潜表征，要既能捕获输入数据的基本结构，又能通过从潜空间中抽样来生成新的图片。（关于潜表征的更多细节，请参阅第 1 章。）

图 9-2 展示了自编码器的编码器网络和解码器网络，其中 x' 表示重构后的输入 x。在标准的变分自编码器中，潜向量是从一个近似标准高斯分布的分布中抽样的。

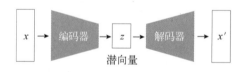

图 9-2　自编码器

训练 VAE 涉及调整模型参数以最小化损失函数，这里的损失函数由重建损失和 KL 散度正则项两部分组成。重建损失用于确保解码器生成的样本与输入图像尽可能相似，而 KL 散度正则项则作为一种替代损失，促使学习到的潜分布接近预设的先验分布（通常是标准高斯分布）。为了生成新图像，我们从潜空间的先验分布（标准高斯分布）中抽取样本，再将这些样本通过解码器网络输出，从而创造出与训练数据相似但又具有多样性的新图像。

VAE 的缺点包括损失函数较为复杂，由多个分离的模块组成，以及常常表现不够好等。不够好的表现就可能导致生成的图像比其他模型生成的更模糊，例如 GAN（generative adversarial network，生成对抗网络）。

9.2.3 生成对抗网络

GAN 是由相互作用的子网络构成的模型,目的是生成与给定输入数据集相似的新样本。GAN 与 VAE 虽同为潜变量模型,都通过从各自学习的潜空间抽样来生成数据,但它们的架构和学习方式有本质区别。

GAN 由两个神经网络组成,分别是生成器和判别器,它们通过对抗的方式同时训练。生成器接收来自潜空间的随机噪声向量作为输入,并据此生成一个合成的数据样本(如图像)。判别器的任务则是区分真实训练样本与生成器制造的假样本,这一过程如图 9-3 所示。

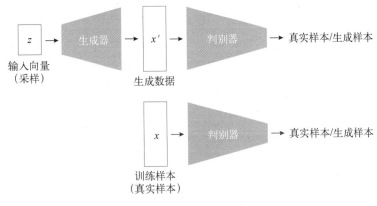

图 9-3　生成对抗网络

从功能上看,GAN 中的生成器与 VAE 中的解码器有几分相似。在推理阶段,不论是 GAN 的生成器还是 VAE 的解码器,都会采用从已知的分布(如标准高斯分布)中抽取的随机噪声向量,并将这些向量转化为合成数据样本,如图像。

GAN 的一大缺点是其损失函数及学习过程的对抗性质导致训练不稳定。平衡生成器和判别器的学习速率可能相当困难,并且经常引发振荡、模式崩溃或无法收敛的问题。GAN 的另一个主要缺点是生成结果的多样性较差,这通常是由模式崩溃引起的。在这种情况下,生成器仅凭一小部分样本就能成功欺骗判别器,而这些样本仅仅是原始训练数据的一个小子集。

9.2.4 流模型

流模型,又称**归一化流**,其核心理念源自统计学中的经典方法。流模型的主要目的是通过可逆变换,将简单的概率分布(如高斯分布)转变成更为复杂的分布。

尽管归一化流的概念在统计学领域由来已久,但基于流的深度学习模型还是相对较新的研发成果,尤其是图像生成方面的应用。这一领域的开创性模型之一是 NICE(non-linear independent components estimation，非线性独立分量估计）。NICE 从一个简单的概率分布开始，通常是像正态分布这样直观的分布类型。我们可以将其看作一种"随机噪声"，或没有特定形态和结构的数据。NICE 对这一简单分布实施一系列变换。每次变换的目的都是让数据更接近最终的目标形态（比如真实世界图像的分布）。这些变换是"可逆"的，也就是说我们能够随时将它们还原回原始的简单分布。经过连续几轮这样的变换之后，简单分布就转变成了一个复杂分布，这个复杂分布与目标数据（比如图像）的分布紧密吻合。这时，我们便能从这个复杂的分布中随机选点，以此生成与目标数据相似的新数据。

图 9-4 演示了流模型的概念，它将复杂的输入分布映射为更简单的分布，然后再映射回来。

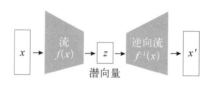

图 9-4　流模型

乍看之下，图 9-4 与图 9-2 中的 VAE 示意图颇为相似。但不同的是，VAE 采用如卷积神经网络这种神经网络编码器，而流模型则使用更简洁的解耦层，如简单的线性变换。此外，VAE 中的解码器与编码器相互独立，流模型中的数据变换函数则是通过数学逆运算得到的，与前者有别。

与 VAE 和 GAN 不同，流模型能够提供精确的概率度量，使我们能深入了解生成样本与训练数据分布的契合度，对于异常检测或密度估计这类任务尤为有效。然而，就生成图像数据的质量而言，流模型通常不如 GAN。此外，由于需要存储和计算变换函数的逆过程，流模型在内存和计算资源上的需求往往比 GAN 或 VAE 更大。

9.2.5　自回归模型

自回归模型可以根据当前及过去的内容预测下一个值。用于文本生成的 LLM 就是这类模型的一个典型实例，比如第 17 章将进一步讨论的 ChatGPT。

与一次生成一个词类似，在图像生成的场景下，PixelCNN 这类自回归模型会尝试根据已观察过的像素，一次预测一个像素。这类模型会按照从左上到右下的光栅扫描顺序，或是其他预定义的顺序来预测像素。

为了说明自回归模型如何逐像素生成图像，假设我们有一张大小为 $H \times W$（H 为高度，W 为宽度）的图像，简单起见，暂不考虑颜色通道。该图像由 N 个像素组成，其中 $i = 1, \cdots, N$。得到数据集中某一特定图像的概率表示为 $P(\text{Image}) = P(i_1, i_2, \cdots, i_N)$。依据统计学中的链式法则，我们可以将这个联合概率分解为条件概率：

$$P(\text{Image}) = P(i_1, i_2, \cdots, i_N)$$
$$= P(i_1) \cdot P(i_2 \mid i_1) \cdot P(i_3 \mid i_1, i_2) \cdots P(i_N \mid i_1 \text{ 到 } i_{N-1})$$

这里 $P(i_1)$ 代表第一个像素出现的概率，$P(i_2|i_1)$ 是在已知第一个像素的情况下第二个像素出现的概率，$P(i_3|i_1, i_2)$ 则是在已知前两个像素的情况下第三个像素出现的概率，以此类推。

在图像生成的场景中，自回归模型如前文所述，会基于目前已观测到的像素，一次预测一个像素。图 9-5 描绘了这一过程，其中像素 i_1 至 i_{53} 构成了上下文环境，而像素 i_{54} 则是接下来需要生成的像素。

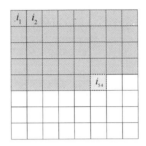

图 9-5　自回归像素生成

自回归模型的优点是对下一个像素（或词语）的预测较为直接，且易于解释。此外，与流模型类似，自回归模型能够精确计算生成数据的概率，这对于异常检测之类的任务非常有用。此外，自回归模型比 GAN 更容易训练，它不会遇到模式崩溃或其他训练不稳定的问题。

然而，自回归模型在生成新样本时可能速度较慢。这是因为它需要一步步地生成数据（例如，对于图像来说是一个像素接着一个像素），在计算上可能成本较高。此外，用自回归模型分析长程依赖关系是有些挑战的，因为每次的输出仅依赖于之前已生成的输出。

总体来看，自回归模型所生成图像的质量通常不如 GAN，但自回归模型的训练难度较低。

9.2.6　扩散模型

如前文所述，流模型通过一系列可逆且可微的变换（流）将简单分布（如标准正态分布）转化为复杂分布（目标分布）。与流模型相似，**扩散模型**也进行一系列变换操作，但其原理截然不同。

扩散模型利用随机微分方程，通过一系列步骤将输入数据的分布转化为简单的噪声分布。扩散是一种随机过程，其逐步向数据中添加噪声，直至接近更简单的分布，如高斯噪声。为了能生成新样本，这一过程还会反向进行，即从加入噪声后的分布开始，逐步减轻噪声的影响。

图 9-6 简要描述了向输入图像 x 中添加并移除高斯噪声的过程。在推理阶段，利用反向扩散过程，从高斯分布中抽取噪声张量 Z_n，用于生成新的图像 x。

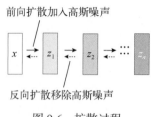

图 9-6 扩散过程

尽管扩散模型和流模型都是主攻学习复杂数据分布的生成式模型,但它们解决问题的角度不同。流模型采用确定的可逆变换,而扩散模型则采用上述的随机扩散过程。

近期研究已证实,扩散模型在生成高质量图像、逼真的细节以及纹理等方面达到了顶尖水平。同时,训练扩散模型比 GAN 更简便。不过扩散模型的缺点在于采样速度较慢,它需要执行一系列步骤,这与流模型和自回归模型类似。

9.2.7 一致性模型

一致性模型训练神经网络将含有噪声的图像映射为更清晰的图像。该神经网络是在一个包含成对含噪图像与清晰图像的数据集上训练的,它会学习识别在清晰图像中加噪的模式。一旦神经网络训练完成,即可基于含噪图像一步生成其重建图像。

一致性模型的训练采用了 ODE(ordinary differential equation,常微分方程)轨迹,这是含噪图像在逐步去噪的过程中遵循的路径。ODE 轨迹由一组微分方程定义,这些方程描述了图像中噪声随时间变化的方式,如图 9-7 所示。

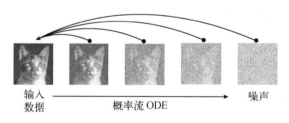

图 9-7 图像去噪一致性模型的轨迹

如图 9-7 所示,我们可以这样理解一致性模型:它学习如何将概率流 ODE 中的任意点映射回原始输入,这里的 ODE 会平滑地将数据转化为噪声。

至本书撰写时,一致性模型是最新一类的生成式 AI 模型。根据最初提出该方法的论文,一致性模型在生成图像的质量上可与扩散模型相媲美。此外,一致性模型比扩散模型更快,因为它不需要迭代过程来生成图像,而是一步生成。

然而，尽管一致性模型的推理速度更快，但它的训练成本仍然较高，因为它需要包含大量成对的含噪图像与清晰图像的数据集。

9.3 建议

从历史角度看，深度玻尔兹曼机颇为有趣，因为它是最早成功展示无监督学习概念的先驱模型之一。当你需要估计精确似然时，流模型和自回归模型也许更有用。但在生成高质量图像方面，通常其他模型是首选。

尤其是 VAE 与 GAN 多年来在生成高保真度图像方面竞争激烈。但到 2022 年，扩散模型几乎开始全面主导图像生成领域。一致性模型作为扩散模型的一个有潜力的替代方案，是否能更广泛地应用并取得最前沿的成果，仍有待观察。其中的权衡之处在于，扩散模型的采样通常较慢，因为它涉及一系列必须按顺序执行的去噪步骤，这与自回归模型类似。这一特点使得扩散模型在某些需要快速采样的应用中可能不够实用。

9.4 练习

9-1. 我们要如何评测生成式 AI 模型生成的图像质量？

9-2. 根据本章对一致性模型的描述，我们要如何用它来生成新图像？

9.5 参考文献

- 提出变分自编码器的论文：Diederik P. Kingma 和 Max Welling 所著的 "Auto-Encoding Variational Bayes"（2013）。
- 关于生成对抗网络的论文：Ian J. Goodfellow 等人所著的 "Generative Adversarial Networks"（2014）。
- 介绍 NICE 的论文：Laurent Dinh、David Krueger 和 Yoshua Bengio 所著的 "NICE: Non-linear Independent Components Estimation"（2014）。
- 提出自回归模型 PixelCNN 的论文：Aaron van den Oord 等人所著的 "Conditional Image Generation with PixelCNN Decoders"（2016）。
- 介绍时下流行的 Stable Diffusion 潜在扩散模型的论文：Robin Rombach 等人所著的 "High-Resolution Image Synthesis with Latent Diffusion Models"（2021）。
- Stable Diffusion 的代码实现请参见 GitHub 上的相关页面。
- 提出一致性模型的论文：Yang Songet 等人所著的 "Consistency Models"（2023）。

第 10 章

随机性的由来

在训练深度神经网络的过程中，哪些常见因素会引发随机性，导致训练和推理过程出现不可复现的行为？

在训练或使用深度神经网络等机器学习模型时，即便我们采用了相同的配置，也会有多种随机因素导致每次训练或运行这些模型时得到不同的结果。这些因素有时是偶然发生的，有时则是刻意设计的。本章将对这些不同的随机性来源进行分类讨论。

对于其中大多数类型的随机性来源，已在本书代码仓库的 supplementary/q10-random-sources 子文件夹中提供了选做的实践案例。

10.1　模型权重初始化

包括 TensorFlow 和 PyTorch 在内的所有主流深度神经网络框架，默认都会在模型的每一层随机初始化权重值和偏置单元。这意味着每次训练得到的模型都会有所不同。我们以不同的随机权重启动训练之所以会得到有差异的模型，是因为损失函数的非凸性质。如图 10-1 所示，损失函数会根据初始权重的位置收敛于不同的局部最小值。

因此，在实际操作中，如果计算资源允许，建议多运行几次训练。不够好的初始权重有时会导致模型无法收敛，或者收敛到预测精度较差的局部最小值。

不过，我们也可以通过用随机数生成器生成种子值，使随机的初始化权重变为确定的。例如，如果我们把种子设为像 123 这样特定的值，权重会用小的随机值来初始化，且每次神经网络都会使用小的随机权重进行初始化，确保结果准确复现。

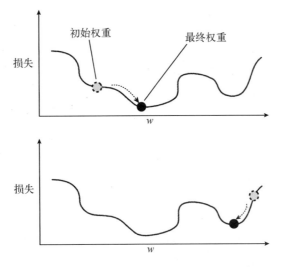

图 10-1 不同的初始权重可能会得到不同的最终权重

10.2 数据集采样与重排

在训练和评测机器学习模型时，我们通常先将数据集划分为训练集和测试集。这一过程需要随机采样，以决定哪些样本被分配到训练集中，哪些样本被分配到测试集中。

在实践中，我们常常采用如 k 折交叉验证或留出法等模型评测技术。在留出法中，训练集会进一步划分为训练集、验证集和测试集，采样过程同样会受随机性影响。除非我们固定了随机种子，否则每次划分数据集，或用 k 折交叉验证进行模型调优及评测时，都会由于训练分区的不同得到有差异的模型。

10.3 非确定性算法

根据所选架构和超参数，我们可能会在模型中融入随机的组件和算法，其中一个广为人知的例子便是 Dropout。

Dropout 会在训练过程中随机将一层中的部分单元剔除，帮助模型学习到稳健性和泛化性更好的表征。这种"剔除"操作通常在每次训练迭代时以概率 p 发生，其中 p 是一个控制剔除单元比例的超参数。p 的取值范围一般是 0.2 到 0.8。

为了解释这一概念，图 10-2 展示了一个小型神经网络，在训练过程中，每次正向传播时，Dropout 都会随机剔除隐藏层中的一部分节点。

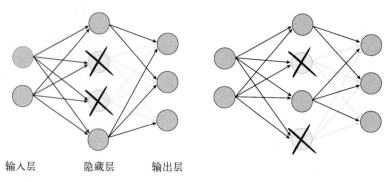

图 10-2　在 Dropout 机制中，隐藏节点会在训练过程的每次正向传播中短暂、
随机地被禁用

为确保训练过程可复现，我们必须在启用 Dropout 训练之前，先设定随机种子（类似于在初始化模型权重前设定随机种子）。在进行推理时，我们需要关闭 Dropout，以确保结果的确定性。每个深度学习框架都有为此设计的专用组件。你可以在本书代码仓库的 supplementary/q10-random-sources 子文件夹中找到 PyTorch 的示例。

10.4　不同运行时的算法

最直观或最简单的算法实现，并不总是实践中的最佳选择。比如在训练深度神经网络时，我们常采用更高效的替代方案或近似方案，以获得训练和推理过程中速度和资源上的优势。

一个典型的例子是卷积神经网络中的卷积操作。实现卷积操作有多种可行方案。

❏ **经典的直接卷积**：实现离散卷积的常用方法是，先在输入与卷积核之间进行逐元素的乘法运算，随后将结果相加得到单个数值。（有关卷积操作的细节，请参见第 12 章。）

❏ **基于 FFT（fast Fourier transform，快速傅里叶变换）的卷积**：利用 FFT 将卷积操作转换为频域中的逐元素乘法。

❏ **Winograd 卷积**：这是一种针对小尺寸滤波器（如 3×3）的有效算法，目的是减少卷积所需的乘法次数。

不同的卷积算法在内存占用、计算复杂度和速度方面各有取舍。如 CUDA 深度神经网络库（cuDNN），该库应用于 PyTorch 和 TensorFlow 等框架，在 GPU 上执行深度神经网络卷积操作时，能够自动选择不同的算法。但若需选择确定的算法，要显式开启此功能。例如，在 PyTorch 中，可以通过如下方式配置：

```
torch.use_deterministic_algorithms(True)
```

尽管这些近似方法能得到相似的结果，但训练过程中，这些细微的数值差异可能会累积，导致训练收敛于略微不同的局部最小值。

10.5 硬件与驱动程序

即便采用相同的算法，执行相同的操作，在不同硬件上训练的深度神经网络也可能因微小的数值差异而产生不同的结果。这些差异有时归因于不同的浮点运算数值精度。但即便在相同的精度下，由于硬件和软件优化的不同，也可能会出现细微的数值差异。

举例来说，不同的硬件平台可能有专门的优化方法或代码库，这些都可能会轻微影响深度学习算法的行为。为了说明不同的 GPU 可能如何引发不同的建模结果，我们引用 NVIDIA 官方文档中的一段话："在不同的架构中，没有 cuDNN 程序能保证比特位级的可复现性。例如，我们无法保证在 NVIDIA Volta™、NVIDIA Turing™[...]及 NVIDIA Ampere 架构上运行同一程序时，在比特位级保持一致性。"

10.6 随机性与生成式 AI

除了前面提到的各种随机性的由来，某些模型在推理过程中也可能表现出一些"人为设计的随机性"行为。例如，生成式图像或语言模型对于相同的输入提示可能会产生不同的结果，从而提供多样化的输出。对于图像模型，这样做通常是为了让用户能挑选出最准确且视觉上最吸引人的图片。而在语言模型中，这样的设计则常用于对回复做出改变，比如在聊天机器人场景中可以避免重复回答，以增强互动的自然性和多样性。

在生成式图像模型的推理阶段，符合预期的随机性通常源自在反向过程中的每一步采样不同的噪声值。以扩散模型为例，预设的噪声定义了在扩散过程每一步中添加的噪声方差，这便引入了多样性。

像 GPT 这种自回归大模型，易于对相同的输入提示产生不同的输出（GPT 将在第 14 章和第 17 章中更详细地讨论）。ChatGPT 用户界面甚至为此专门设计了一个"重新生成回复"（Regenerate Response）按钮。这些模型生成不同结果的能力，源于它们的采样策略。如 top-k 采样、核采样以及温度缩放等技术，能通过控制随机程度来影响模型的输出。这里的随机性是模型特性而非缺陷，因为它赋予了模型生成多样化回复的能力，可防止模型输出过于确定或重复的内容。（关于生成式 AI 和深度学习模型的更深入介绍，请参阅第 9 章；关于自回归大模型的更多细节，请参阅第 17 章。）

图 10-3 所示的 top-k 采样，在生成下一个词的过程中，每一步都从概率最高的前 k 个候选词中进行采样。

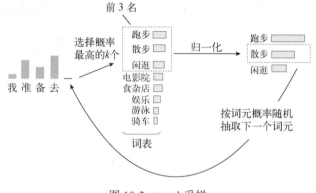

图 10-3　top-k 采样

当给定一个输入提示后，语言模型会为下一个词生成整张词表（候选词）的概率分布。词表中的每个词都将根据模型对上下文的理解被分配一个概率。随后，选中的前 k 个词会被归一化，使得它们的概率总和为 1。最后，从归一化的前 k 个词的概率分布中选取一个词，并将其追加到输入提示之后。这一过程会根据需要生成文本的长度或在满足某个停止条件前一直重复进行。

如图 10-4 所示，**核采样**（也称为 top-p 采样）是另一种采样方式。

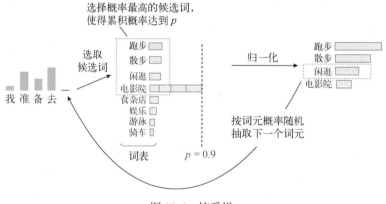

图 10-4　核采样

与 top-k 采样类似，核采样的目标也是在输出中平衡多样性和连贯性。然而，核采样与 top-k 采样在生成过程的每一步中抽样候选词的方法有所不同。top-k 采样直接从语言模型产生的概率分布中选出 k 个概率最高的词，而不考虑它们具体概率的大小，且 k 值在整个生成过程中保持不变。相比之下，核采样则是基于一个概率阈值 p 来选择词，如图 10-4 所示。它会按照概率降序累积最可能的词，直到它们的累计概率达到或超过阈值 p。与 top-k 采样不同的是，候选集（即核）的大小在每一步中可以变化。

10.7 练习

10-1. 假设我们用 top-k 采样或核采样（其中 k 和 p 为超参数）训练了一个神经网络。能否在不修改代码的情况下，使模型在推理过程中表现出确定的行为？

10-2. 在什么情况下，推理期间的随机 Dropout 行为是可取的？

10.8 参考文献

- 有关不同的数据采样和模型评测技术的更多信息，请参阅我的文章："Model Evaluation, Model Selection, and Algorithm Selection in Machine Learning"（2018）。
- 提出 Dropout 技术的论文：Nitish Srivastava 等人所著的 "Dropout: A Simple Way to Prevent Neural Networks from Overfitting"（2014）。
- 关于基于 FFT 的卷积的论文：Lu Chi、Borui Jiang 和 Yadong Mu 所著的 "Fast Fourier Convolution"（2020）。
- 有关 Winograd 卷积的细节：Syed Asad Alam 等人所著的 "Winograd Convolution for Deep Neural Networks: Efficient Point Selection"（2022）。
- PyTorch 官网中关于 PyTorch 中确定性算法配置的更多信息。
- 关于 NVIDIA 显卡确定性行为的详细信息，请参阅 NVIDIA 官方文档中的"可重现性"（Reproducibility）部分。

10

第二部分

计算机视觉

第11章

计算参数量

11

我们该如何计算卷积神经网络中的参数量？这一信息有何用处？

了解模型中的参数量有助于衡量模型规模，参数量对模型的存储和内存需求有直接影响。本章将讲解如何计算卷积层和全连接层的参数量。

11.1 如何计算参数量

假设我们正在操作一个卷积神经网络，该网络包含两个卷积层，其卷积核尺寸分别为 5 和 3。第一个卷积层有 3 个输入通道和 5 个输出通道，第二个卷积层有 5 个输入通道和 12 个输出通道。这些卷积层的步长均为 1。此外，该网络还有两个池化层，其中一个的核尺寸为 3，步长为 2，另一个的核尺寸为 5，步长也为 2。该网络还配备有两个全连接隐藏层，分别含有 192 个和 128 个隐藏单元，而输出层是有 10 个类别的分类层。该网络的架构如图 11-1 所示。

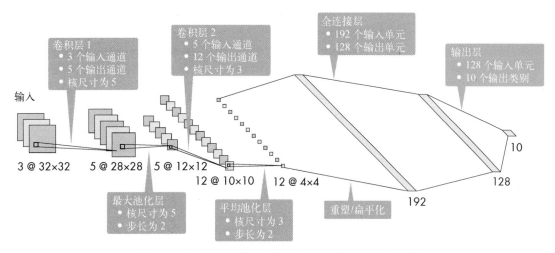

图 11-1　有两个卷积层和两个全连接层的卷积神经网络

这个卷积神经网络中的可训练参数量是多少？我们可以从左至右回答这个问题，先为每一层计算参数量，然后对参数量求和得到总参数量。每层的可训练参数包括权重和偏置单元。

11.1.1　卷积层

在卷积层中，权重的数量取决于卷积核的宽度和高度以及输入通道和输出通道的数量。偏置单元的数量仅取决于输出通道数。为了逐步说明计算过程，先假设我们有一个卷积核（其宽度和高度均为 5）、一个输入通道和一个输出通道，如图 11-2 所示。

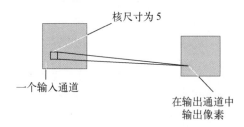

图 11-2　单输入通道、单输出通道的卷积层

此时，我们共有 26 个参数，其中包括通过卷积核得到的 5×5=25 个权重以及 1 个偏置单元。计算输出值或像素 z 的公式为 $z = b + \sum_{j} w_j x_j$，其中 x_j 代表输入像素，w_j 代表卷积核的权重参数，b 是偏置单元。

现在再假设我们有 3 个输入通道，如图 11-3 所示。

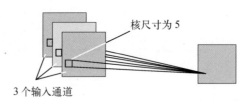

图 11-3   有 3 个输入通道、1 个输出通道的卷积层

在这种情况下，我们通过对每个输入通道计算 $\sum_j w_j x_j$ 得到输出值，再加上偏置单元。如果有 3 个输入通道，那就需要使用 3 个不同的卷积核，每个对应一组权重：

$$z = \sum_j w_j^{(1)} x_j + w_j^{(2)} x_j + w_j^{(3)} x_j + b$$

因为我们有 3 组权重（分别为 $j = [1, \cdots, 25]$ 时的 $w^{(1)}$、$w^{(2)}$ 和 $w^{(3)}$），所以卷积层共有 $3 \times 25 + 1 = 76$ 个参数。

每个输出通道各对应一个专有卷积核。因此，假如我们将输出通道数量由 1 增至 5，那么参数的数量就会增加至原来的 5 倍，如图 11-4 所示。换言之，如果一个输出通道的卷积核有 76 个参数，那么 5 个输出通道的 5 个卷积核总共有 5×76=380 个参数。

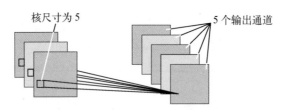

图 11-4   有 3 个输入通道、5 个输出通道的卷积层

回到图 11-1 所示的神经网络架构，我们根据卷积核尺寸及输入通道和输出通道的数量来计算卷积层中的参数量。例如，第一个卷积层有 3 个输入通道、5 个输出通道，卷积核大小为 5，因此其参数数量为 $5 \times (5 \times 5 \times 3) + 5 = 380$。第二个卷积层有 5 个输入通道、12 个输出通道，卷积核大小为 3，参数数量为 $12 \times (3 \times 3 \times 5) + 12 = 552$。由于池化层没有可训练参数，所以该架构的卷积部分的总参数量为 $380 + 552 = 932$。

接下来，我们看看如何计算全连接层的参数量。

11.1.2   全连接层

计算全连接层的参数量更直接。全连接层中的每个输入节点都与每个输出节点相连，因此权重的数量等于输入节点数乘以输出节点数，再加上输出层的偏置单元。例如，有一个如图 11-5

所示的全连接层，具有 5 个输入单元和 3 个输出单元，那么就有 $5 \times 3 = 15$ 个权重和 3 个偏置单元，总共是 18 个参数。

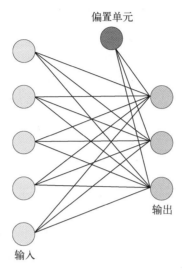

偏置单元

输出

输入

图 11-5　有 5 个输入单元和 3 个输出单元的全连接层

再次参考图 11-1 所示的神经网络架构，我们现在可以这样计算全连接层中的参数量：第一个全连接层有 $192 \times 128 + 128 = 24\,704$ 个参数；第二个输出层的全连接层有 $128 \times 10 + 10 = 1290$ 个参数。因此，全连接部分的参数总数为 $24\,704 + 1290 = 25\,994$。将卷积层的 932 个参数与全连接层的 25 994 个参数相加后，我们可以得出这个网络的总参数量为 26 926。

作为补充内容，有兴趣的读者可以在本书代码仓库的 supplementary/q11-conv-size 子文件夹中找到计算参数量的 PyTorch 代码。

11.2　实际应用

我们为何要关注参数量呢？首先，我们可以利用参数量来估算模型的复杂度。一般而言，参数越多，有效训练该模型所需的训练数据量也就越大。

参数量还能帮助我们估计神经网络的大小，进而评估该网络是否能装载到 GPU 显存中。尽管训练期间的实际内存需求往往会超过模型本身的大小，比如执行矩阵乘法以及存储梯度会产生额外的内存需求，但预估模型大小仍能让我们大致了解在给定的硬件配置下训练该模型是否可行。

11.3   练习

11-1. 如果我们想使用 SGD 优化器或广受欢迎的 Adam 优化器来优化神经网络，那么对于 SGD 和 Adam，需要存储的参数量分别是多少？

11-2. 假设我们在网络中添加了三个 BatchNorm（批归一化）层，一个置于第一个卷积层之后，一个置于第二个卷积层之后，还有一个接在第一个全连接层之后（我们通常不想在输出层添加 BatchNorm 层）。那么，这三个 BatchNorm 层会给模型额外增加多少参数呢？

第 12 章

全连接层和卷积层

在哪些情况下，我们可以用卷积层替代全连接层来完成相同的计算任务？

使用卷积层替换全连接层，也许能利用上硬件优化带来的一些优势，比如我们可以用上专门针对卷积运算的硬件加速器。这些优化对于边缘设备来说尤为重要。

确切地说，在两种情形下全连接层与卷积层是等效的：一是当卷积滤波器与感受野的大小相等时；二是当卷积滤波器的大小为 1 时。为了说明这两种情况，可以看图 12-1 展示的有 4 个输入单元和 2 个输出单元的全连接层示例。

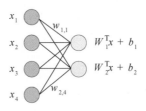

图 12-1　通过 8 个权重参数连接的 4 个输入单元与 2 个输出单元

图 12-1 中的全连接层包含 8 个权重和 2 个偏置单元。我们可以通过以下点积计算得到输出节点：

节点 1　$w_{1,1} \times x_1 + w_{1,2} \times x_2 + w_{1,3} \times x_3 + w_{1,4} \times x_4 + b_1$

节点 2　$w_{2,1} \times x_1 + w_{2,2} \times x_2 + w_{2,3} \times x_3 + w_{2,4} \times x_4 + b_2$

接下来的两节将说明在何种情况下，卷积层可以精确实现与上述全连接层相同的计算功能。

12.1   当卷积核与输入大小相同时

我们先讨论第一种情况，即卷积滤波器的大小等于感受野的大小。回顾第 11 章中我们计算单输入通道、多输出通道的卷积核中的参数量的方法。现假设卷积核的大小为 2×2，有一个输入通道、两个输出通道。输入的大小同样为 2×2，图 12-2 为 4 个输入值的一种重新排列形式。

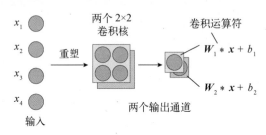

图 12-2   卷积核大小为 2×2 的卷积层，卷积核大小与输入大小相同，
并且有两个输出通道

如图 12-2 所示，如果卷积核的大小与输入大小相同，那么卷积层中就没有滑动窗口机制。对于第一个输出通道，我们有如下权重：

$$W_1 = \begin{bmatrix} w_{1,1} & w_{1,2} \\ w_{1,3} & w_{1,4} \end{bmatrix}$$

对于第二个输出通道，我们有如下权重：

$$W_2 = \begin{bmatrix} w_{2,1} & w_{2,2} \\ w_{2,3} & w_{2,4} \end{bmatrix}$$

如果输入设为

$$x = \begin{bmatrix} x_1 & x_2 \\ x_3 & x_4 \end{bmatrix}$$

计算第一个输出通道的方式就是 $o_1 = \sum_i (W_1 * x)_i + b_1$，这里卷积运算符 $*$ 等同于逐元素相乘。换句话说，我们在两个矩阵 W_1 和 x 之间进行逐元素相乘，然后将这些元素求和得到结果，这相当于全连接层中的点积。最后，我们加上偏置单元。第二个输出通道的计算方法与此类似：$o_2 = \sum_i (W_2 * x)_i + b_2$。

此外，本书的附加材料包含 PyTorch 代码的实例演示，用于解释上面介绍的等价性，你可以在本书代码仓库的 supplementary/q12-fc-cnn-equivalence 子文件夹中找到该实例。

12.2 当卷积核大小为 1 时

第二种情况，假设我们将输入重构为一个 1×1 大小的输入"图像"，其中"颜色通道"数等于输入特征的数量，如图 12-3 所示。

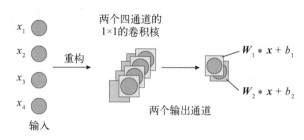

图 12-3 如果卷积核大小等于输入大小，输出节点的数量就等于通道的数量

每个核由一系列权重组成，这些权重的数量与输入通道的数量相等。例如，对于第一个输出层来说，权重就是这样设置的：

$$W_1 = \left[w_1^{(1)} w_1^{(2)} w_1^{(3)} w_1^{(4)} \right]$$

第二个通道的权重则是：

$$W_2 = \left[w_2^{(1)} w_2^{(2)} w_2^{(3)} w_2^{(4)} \right]$$

为了更直观地理解这个计算过程，可以参考第 11 章中的图解，它详细说明了如何在卷积层中计算参数。

12.3 建议

尽管全连接层可以等效地用卷积层实现，但这并不会立即在一台标准计算机上带来性能或其他方面的优势。不过，将全连接层替换成卷积层，在配合专门为卷积运算设计的硬件加速器进行开发时，是有优势的。

此外，明确全连接层与卷积层等价的场景，有助于深入理解这些层的工作原理。在有需要的情况下，我们可以完全不使用全连接层来实现卷积神经网络，从而简化代码实现。

12.4 练习

12-1. 增加步长，可能会如何影响本章讨论的等价性？

12-2. 填充行为会影响全连接层和卷积层之间的等价性吗？

第 13 章

ViT 架构所需的大型训练集

为什么 ViT（Vision Transformer，视觉 Transformer）通常需要比 CNN 更大的训练数据集呢？

每种机器学习算法或模型，都在设计中嵌入了一组特定的假设或先验知识，通常称之为**归纳偏置**。有些归纳偏置是为了使算法在计算上更高效而采取的权宜之计，有些归纳偏置基于领域知识，还有一些兼具上述两种特性。

CNN 和 ViT 可用于相同的任务，比如图像分类、对象检测和图像分割。CNN 主要由卷积层构成，而 ViT 则主要由多头注意力模块组成（在第 8 章中讨论自然语言输入的 Transformer 时曾提及）。

CNN 在算法设计中内置了更多的归纳偏置，因此它们需要的训练数据通常比 ViT 少。从某种意义上说，ViT 被赋予了更多自由度，它们能够或者说必须从数据中学到一些归纳偏置（假设这些偏置有利于优化训练目标）。但所有需要学习的内容都会需要更多的训练样本。

接下来将解释 CNN 中主要用到的一些归纳偏置，以及 ViT 如何在没有这些偏置的情况下依然有出色表现。

13.1　CNN 中的归纳偏置

以下是 CNN 中主要的归纳偏置，它们在很大程度上决定了 CNN 的工作方式。

❑ **局部连接**：在 CNN 中，隐藏层中的每个单元仅与前一层中的部分神经元相连。这一限制的合理性基于如下假设：邻近像素之间的关联性比相隔较远的像素更强。作为一个直观的例子，我们可以想想这个假设是如何应用于图像的边缘或轮廓识别场景中的。

- ❑ **权值共享**：通过卷积层，我们在整个图像中使用同一小组权重（卷积核或滤波器）。这基于如下假设：相同的滤波器对于检测图像不同部分的相同模式是有用的。
- ❑ **分层处理**：CNN 由多个卷积层组成，用于从输入图像中提取特征。随着网络从输入层向输出层的逐步深入，低级特征逐渐整合形成更为复杂的特征，最终实现对复杂物体、形状的识别。此外，这些层中的卷积滤波器能学会在不同的抽象层次检测特定的模式和特征。
- ❑ **空间不变性**：CNN 具有空间不变性这一数学特性，这意味着即使输入信号在空间域内移动到不同的位置，模型的输出也保持一致。这一特点源于前文提到的局部连接、权值共享以及分层处理的结合。

CNN 中的局部连接、权值共享和分层处理的结合，赋予了模型空间不变性，无论模式或特征出现在输入图像的何处，模型都能够识别出来。

平移不变性是空间不变性的一种特殊情况，即在空间域内对输入信号进行位移或平移后，输出保持不变。这个场景的重点在于仅将图像中的对象移动到不同的位置，而不对其进行任何旋转或改变其他属性。

实际上，卷积层和神经网络并非具备真正的平移不变性，它们实现的是一定程度上的平移等变性。那么平移不变性和平移等变性之间有什么区别呢？**平移不变性**意味着输出在输入发生位移时不会改变，而**平移等变性**则意味着输出会随输入以相应的方式发生位移。换句话说，如果我们将输入对象向右移动，结果也会相应地向右移动，如图 13-1 所示。

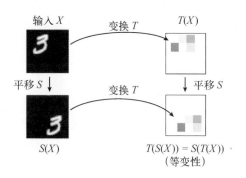

图 13-1 不同图像变换下的等变性

如图 13-1 所示，在平移不变性下，无论我们采用的操作顺序是先变换后平移还是先平移后变换，得到的输出模式都是相同的。

如前文所述，CNN 通过局部连接、权值共享和分层处理等特点，实现了平移等变性。图 13-2演示了卷积操作，以此来说明局部连接和权值共享原则。这幅图展示了 CNN 中的平移等变性，其中一个卷积滤波器能够捕捉输入信号（两个深色块），无论它位于输入中的哪个位置。

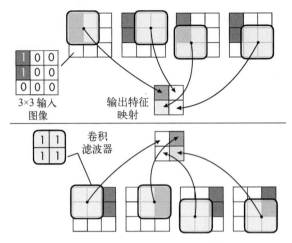

图 13-2   卷积滤波器与平移等变性

图 13-2 展示了一个 3×3 的输入图像,其左上角(图的上部)或右上角(图的下部)有两个非零像素值。如果我们对这两种输入图像场景应用一个 2×2 的卷积滤波器,可以看到,不管是在左边(图的上方)还是右边(图的下方),输出的特征映射都包含相同的提取模式,这证明了卷积操作的平移等变性。

相比之下,多层感知机这类全连接网络则不具备这种空间不变性或等变性。为了说明这一点,我们假设有一个含一个隐藏层的多层感知机。输入图像中的每个像素都与输出结果中的每个值相连。如果我们对输入图像进行一像素或多像素的平移,将会激活一套不同的权重,如图 13-3 所示。

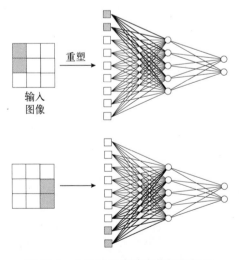

图 13-3   全连接层中特定位置的权重

类似于全连接网络，ViT 架构（以及一般的 Transformer 架构）也没有空间不变性或等变性的归纳偏置。如果我们在图像中两个不同的位置放置相同的物体，模型会产生不同的输出。这并不是理想情况，因为物体的语义含义（物体所代表或传达的概念）并不会因其位置而改变。因此，模型必须直接从数据中学习不变性。为了更容易学习 CNN 中有用的模式，我们需要在更大的数据集上进行预训练。

在 ViT 中添加位置信息的常见解决方案是使用相对位置嵌入（也称为**相对位置编码**），该方法考虑到了输入序列中两个词元间的相对距离。然而，尽管相对嵌入编码有助于 Transformer 跟踪词元的相对位置信息，Transformer 仍需要从数据中学习空间信息与当前任务的相关性及相关程度。

13.2 ViT 可以比 CNN 表现得更好

通过前文讨论归纳偏置时所固化的那些假设，相比全连接层，CNN 中的参数量大幅减少。另外，相比 CNN，ViT 往往具有更多参数，也就需要更多训练数据。（关于如何精确计算全连接层和卷积层中的参数量，请参阅第 11 章复习相关内容。）

在没有大规模预训练的情况下，ViT 在性能上可能不如流行的 CNN 架构，但如果有足够大的预训练数据集，它可以表现得非常出色。语言 Transformer 模型中的首选方法是无监督预训练（如第 2 章讨论的自监督学习），而 ViT 通常使用大型的有标签数据集（如 ImageNet 提供了数百万张用于训练的有标签图像）进行预训练，并采用常规的监督学习方式。

从初步研究中可以找到一些案例，表明 ViT 在数据充足的情况下，预测性能超越了 CNN。论文 "An Image Is Worth 16 × 16 Words: Transformers for Image Recognition at Scale" 揭示了这一现象。该论文对比了 ResNet（一种卷积网络）与原始 ViT 架构在使用不同规模的数据集进行预训练时的表现。研究结果表明，仅当 ViT 模型在至少一亿张图片上进行预训练后，其性能才超过了卷积方法。

13.3 ViT 中的归纳偏置

ViT 也具有一些归纳偏置。例如，它们会将输入图像切分成多个块（patchify），以便独立处理每个输入块。在此过程中，每个块都能关注到其他所有块，从而使模型能够学习输入图像中相隔较远的块之间的关系，如图 13-4 所示。

13

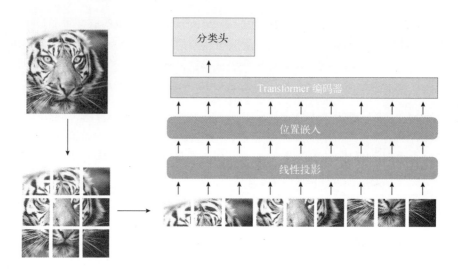

图 13-4   ViT 如何在图像块上操作

通过分块归纳偏置，ViT 能够在不增加模型参数量的情况下处理更大尺寸的图像，从而避免计算成本过高。由于单独处理较小的图像块，ViT 能有效捕捉图像区域间的空间关系，并利用自注意力机制捕捉到全局上下文，更高效地工作。

这引出了另一个问题：ViT 是如何从训练数据中学习的，它又学到了什么？ViT 从整个网络中的各层学到了更多统一的特征表示，而自注意力机制则实现了全局信息的前期聚合。此外，与 CNN 的层级结构不同，ViT 中的残差连接强有力地将特征从低层传播到高层，确保了特征的有效传播。

ViT 倾向于更多地关注全局关系，而非局部关系，因为其自注意力机制使模型能够关注输入图像不同部分之间的长距离依赖。因此，ViT 中的自注意力层常被视为侧重于形状和曲率的低通滤波器。

相比之下，CNN 中的卷积层通常被视为更加关注纹理的高通滤波器。但需要注意，根据每层学习的滤波器的不同，卷积层既可以充当高通滤波器，也能作为低通滤波器。高通滤波器用于捕捉图像的边缘、细微细节和纹理，而低通滤波器则更侧重于提取全局的、平滑的特征和形状。CNN 通过应用不同大小的卷积核，并在每一层学习不同的滤波器，实现这一能力。

13.4   建议

近期，在预训练数据充足的情况下，ViT 开始在某些方面优于 CNN。然而这并不意味着 CNN 已经过时，如 EfficientNetV2 这类流行的 CNN 架构，因其对内存和数据量的需求较低，仍保持着重要地位。

此外，最近的 ViT 架构模型并不完全依赖大规模数据集、参数量及自注意力机制。它们借鉴了 CNN 的优点，融入了软卷积归纳偏置，甚至直接整合了完整的卷积层，以此来融合两者的长处。

简而言之，相比 CNN，不含卷积层的 ViT 架构的空间和局部的归纳偏置更少。因此，ViT 需要学习与数据相关的概念，如像素间的局部关联。这样一来，为了达到良好的推理性能，特别是在生成场景下产出更合理的视觉表征，ViT 需要更多的训练数据支持。

13.5 练习

13-1. 思考图 13-4 中输入图像的分块处理。分块的大小影响计算成本与预测性能之间的平衡。最适宜的分块尺寸依据具体的应用场景以及计算成本和模型性能之间的期望平衡点而定。一般来说，较小的分块会导致计算成本升高还是降低呢？

13-2. 延续上一问题，分块大小减小，通常会使推理准确性提高还是降低呢？

13.6 参考文献

- 提出原始视觉 Transformer 模型的论文：Alexey Dosovitskiy 等人所著的 "An Image Is Worth 16 × 16 Words: Transformers for Image Recognition at Scale"（2020）。
- 要在 ViT 中加入位置信息，一种解决方案是采用相对位置嵌入：Peter Shaw、Jakob Uszkoreit 和 Ashish Vaswani 所著的 "Self-Attention with Relative Position Representations"（2018）。
- 与 CNN 的层级结构不同，ViT 中的残差连接有力地将特征从较低层传播到较高层：Maithra Raghu 等人所著的 "Do Vision Transformers See Like Convolutional Neural Networks?"（2021）。
- 关于 EfficientNetV2 CNN 架构的详细综述文章：Mingxing Tan 和 Quoc V. Le 所著的 "EfficientNetV2: Smaller Models and Faster Training"（2021）。
- 一个也包含卷积层的 ViT 架构：Stéphane d'Ascoli 等人所著的 "ConViT: Improving Vision Transformers with Soft Convolutional Inductive Biases"（2021）。
- 另一个使用卷积层的 ViT 示例：Haiping Wu 等人所著的 "CvT: Introducing Convolutions to Vision Transformers"（2021）。

13

第三部分

自然语言处理

第 14 章

分布假设

自然语言处理（NLP）中的分布假设是什么？它被应用在哪些地方？其适用范围又有多广？

分布假设是语言学中的理论，源自 Zellig S. Harris 的《分布结构》[①]。该理论认为，经常出现在相似语境中的词语倾向于具有相近的含义。简而言之，两个词的含义越相似，它们在相似语境中共同出现的频率就越高。

以图 14-1 中的句子为例，"猫咪"和"小狗"经常出现在相同的语境中，我们用"小狗"代替"猫咪"并不会让句子看起来很奇怪。我们也可以将"猫咪"换成"仓鼠"，因为两者都是哺乳动物，而且常被当作宠物，句子依然通顺合理。但是，如果用不相关的词，如用"三明治"替换"猫咪"，句子就会变得毫无意义。用另一个不相关的词"驾驶"替换，则会让句子在语法上出错。

图 14-1　给定语境下常见和不常见的词语

我们可以很容易地用多义词举出反例，也就是那些具有多个相关但不完全相同含义的词语。以"bank"为例，作为名词时，它可指代金融机构、河岸、斜坡，等等。"bank"还可用作动词，意为依靠或指望。这些不同的含义拥有各自的分布特性，未必总是出现在相似的语境中。

---

①《分布结构》为译者自译，原书名为 *Distributional Structure*。

尽管如此，分布假设仍是极为有用的。Word2vec 这类词嵌入技术（见第 1 章）以及众多 Transformer 大模型都基于这一理念，也包括 BERT 中的掩码语言模型，以及 GPT 采用的"下一个词"预训练任务。

14.1　Word2vec、BERT 和 GPT

Word2vec 通过一个简单的两层神经网络，将词语编码为嵌入向量，确保相似词语的嵌入向量在语义和句法上也相近。训练 Word2vec 模型有两种方式：CBOW（continuous bag-of-words，连续词袋）模型和跳字（skip-gram）模型。在应用 CBOW 时，Word2vec 依据上下文中的词预测当前词。与之相反，在跳字模型中，Word2vec 则是根据选定的词来预测上下文词语。尽管跳字模型对于不常见的词更为有效，但 CBOW 模型通常训练速度更快。

训练完成后，词嵌入会被置于向量空间中，在语料库中具有共同上下文的词语，即语义和句法上相似的词语，相互之间距离会更近，如图 14-2 所示。反之，不相似的词语则在嵌入空间中相距较远。

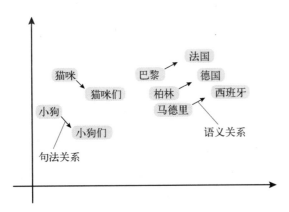

图 14-2　二维向量空间中的 Word2vec 嵌入

BERT 是一种基于 Transformer 架构的大模型（见第 8 章），它采用了掩码语言建模方法，即在句子中隐藏部分词语。BERT 的任务是根据序列中的其他词语预测这些被隐藏的词语，如图 14-3 所示。这是一种用于大模型预训练的自监督学习方法（关于自监督学习的更多信息，请参阅第 2 章）。在经过预训练的模型所生成的嵌入表征中，相似的词语（或词元）在嵌入空间中的距离会更近。

14

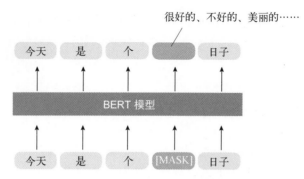

图 14-3　BERT 的预训练任务包括预测被随机隐藏的词语

GPT 和 BERT 类似，也是一种基于 Transformer 架构的大模型，它扮演着解码器的角色。像 GPT 这类解码器风格的模型，会根据前面的词语来学习预测序列后续的词语，如图 14-4 所示。与作为编码器模型的 BERT 不同，GPT 更侧重于预测后续内容，而不是同时对整个序列进行编码。

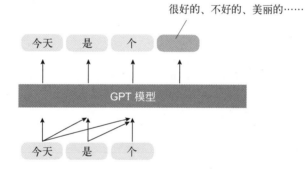

图 14-4　GPT 通过预测下一个词来进行预训练

BERT 作为双向的语言模型，会考虑整个输入序列，而 GPT 则严格只依据前面的序列元素进行解析。也就是说，BERT 通常更适合处理分类任务，而 GPT 则更适用于文本生成任务。和 BERT 一样，GPT 也能生成可捕捉语义相似性的高质量的上下文相关词嵌入。

14.2　假设成立吗

对于大规模数据集，分布假设大体上是成立的，它对于理解和建模语言模式、词语关系以及语义都是极为有用的。比如说，这一概念为词嵌入和语义分析等技术提供了理论支撑，进而为文本分类、情感分析、机器翻译等自然语言处理任务提供了便利。

总之，尽管存在一些分布假设不适用的反例，但它仍然是一个非常有用的概念，构成了今天语言类 Transformer 模型的基石。

14.3 练习

14-1. 分布假设在同音异义词的场景下还成立吗，比如英语中的 "there" 和 "their" 发音相同但含义不同？

14-2. 你能想到在其他领域中与分布假设有类似应用的概念吗？（提示：可以思考神经网络的其他输入方式。）

14.4 参考文献

❑ 关于分布假设的论文：Zellig S. Harris 所著的 "Distributional Structure"（1954）。

❑ 介绍 Word2vec 模型的论文：Tomas Mikolov 等人所著的 "Efficient Estimation of Word Representations in Vector Space"（2013）。

❑ 介绍 BERT 模型的论文：Jacob Devlin 等人所著的 "BERT: Pre-training of Deep Bidirectional Transformers for Language Understanding"（2018）。

❑ 介绍 GPT 模型的论文：Alec Radford 和 Karthik Narasimhan 所著的 "Improving Language Understanding by Generative Pre-Training"（2018）。

❑ BERT 生成的嵌入能够让相似的词语（或词元）在嵌入空间中距离更近：Nelson F. Liu 等人所著的 "Linguistic Knowledge and Transferability of Contextual Representations"（2019）。

❑ 这篇论文说明了 GPT 能够生成可捕捉到语义相似性的高质量的上下文相关词嵌入：Fabio Petroni 等人所著的 "Language Models as Knowledge Bases?"（2019）。

14

第 15 章

文本数据增强

数据增强是如何发挥作用的？对于文本数据，最常用的增强技术有哪些？

数据增强对于扩大数据集、提升模型性能很有效，比如可以减少在第 5 章提过的过拟合问题。这类技术常用于计算机视觉模型中，包括对数据进行旋转、缩放和翻转等。

同样，文本数据增强也有很多技巧，其中最为常见的有同义词替换、词语删除、词语位置交换、句子乱序、噪声注入、回译，以及利用大模型生成文本等。本章将逐一探讨这些方法，本书代码仓库的 supplementary/q15-text-augment 子文件夹中提供了选读的代码示例。

15.1 同义词替换

同义词替换策略会随机挑选句子中的词语——通常是名词、动词、形容词和副词——并用它们的同义词进行替换。例如，假设我们的句子最开始是"猫迅速跃过那只懒狗"，接着将其增强为"猫飞快跃过那只无所事事的狗"。

同义词替换能帮助模型理解不同词语间可能存在的相似含义，从而提升模型理解和生成文本的能力。在实践中，实现同义词替换一般要依赖 WordNet 这类同义词词典。不过，使用这一技术也要谨慎，因为并非所有同义词在任何情境下都能互换。大多数自动文本替换工具提供了可配置的替换频率和相似度阈值。尽管如此，自动进行同义词替换也不是万无一失的，你可能需要后续再检查一番，人工过滤掉可能存在的不合理替换。

15.2 词语删除

词语删除是另一种促进模型学习的数据增强方法。与同义词替换不同，同义词替换将词语换成同义词来改变文本，而词语删除是从文本中移除某些词语来创造新的变化，并且尽量保持句子的整体意思不变。例如，我们的句子开始可能是"猫迅速跃过那只懒狗"，删去"迅速"一词变为"猫跃过那只懒狗"。

通过随机删除训练数据中的词，我们让模型学会即使在部分信息缺失的情况下也能做出准确预测。这使得模型在现实世界中遇到不完整或含有噪声的数据时更具稳健性。同时，通过删除非关键词语，我们可以训练模型去关注与当前任务最相关的核心文本要素。

不过，我们必须注意避免删除可能会大幅改变句子含义的关键词语。例如，在前面的例句中去掉"猫"这个词就是不恰当的，去掉后句子会变成"迅速跃过那只懒狗"。此外，我们也必须谨慎选择删除的词语比例，确保在词语被删除后文本仍能保持合理性。通常删除比例可能在 10% 和 20% 之间，但这只是一般性指导原则，具体数值可能会根据实际应用场景有较大差异。

15.3 词语位置交换

词语位置交换，也称为词混排或词排列，是指通过改变或交换句子中词语的位置，生成句子的新变体。假如开始的句子是"猫迅速地跃过那只懒狗"，我们可以通过交换某些词语的位置得到"迅速地，猫跃过那只懒狗"。

尽管这些句子听起来可能语法不当或比较奇怪，但它们为数据增强提供了有价值的训练信息，因为模型仍能识别出重要的词语及其之间的关联关系。但这种方法也有其局限性。例如，过度混排词语或以特定方式混排，可能会极大地改变句子的原意，甚至使其完全失去意义。此外，词混排可能会干扰模型的学习过程，因为在某些上下文中，特定词语间的位置关系至关重要。

15.4 句子乱序

句子乱序，是指在一个段落或文档内部，对所有句子进行重新排列，生成输入文本的新版本。通过对文档内的句子进行乱序重排，我们使模型接触到了相同内容的不同排列方式，帮助它学习如何识别主题要素和关键概念，而不是依赖特定的句子顺序。这有助于模型更深入地理解文档的主题或文档类型。因此，这项技术对于文档分析或段落理解类任务尤为有效，比如文档分类、主题建模或文本摘要等。

与上述基于词语的方法（词语位置交换、词语删除和同义词替换）相比，句子乱序会保持单个句子的内部结构不变。这能避免因选择的词语或顺序发生改变而导致的句法错误、整句意义改变等问题。

当句子顺序对于文本的整体意义而言不是非常重要时,句子乱序是很有用的。但如果句子之间存在逻辑或时间上的连续性,此方法可能就不适用了。例如,看这一段落:"我去了超市。接着我买了做比萨的材料。之后,我做了美味的比萨。"如果将这些句子如下这样重新排序,就会打乱叙述的逻辑和时间进程:"之后,我做了美味的比萨。接着我买了做比萨的材料。我去了超市。"

15.5　噪声注入

噪声注入是一个总称,涵盖多种用不同方式改变文本并创造文本多样性的技术。它既可指代前几节所述的方法,也包括字符级的方法,比如随机插入字母、字符或模拟打字错误等,如下所示。

- ❑ **随机插入字符**:"The cat qzuickly jumped over the lazy dog."(在 quickly 这个词中插入了一个 z)
- ❑ **随机删除字符**:"The cat quickl jumped over the lazy dog."(从单词 quickly 中删除了 y)
- ❑ **引入打字错误**:"The cat qickuly jumped over the lazy dog."(在 quickly 中引入了打字错误,将其改为了 qickuly)

这些改动对于拼写检查和文本纠错类任务是有帮助的,同时也能使模型更好地应对不完美的输入信息,提高其稳健性。

15.6　回译

回译是实现文本多样性时应用最广泛的技术之一,其过程是先将原文翻译成一种或多种不同的语言,然后再翻译回原语言。这种来回翻译的过程往往会生成与原句语义相似,但结构、词汇或语法上略有差异的句子。这样一来,在不改变句子整体意义的前提下,就为训练提供了额外的多样化实例。

举个例子,我们将句子"猫迅速跃过那只懒狗"翻译为德语,会得到"Die Katze sprang schnell über den faulenHund"。接着再将德语句子翻译回来,就可能会得到"猫迅速跳过了那只懒狗"。

句子经过回译发生变化的程度,取决于具体所使用的语言以及机器翻译模型。在本例中,句子保持得非常相似。然而,在其他情况下或使用其他语言时,为了保持整体含义相同,你可能会看到措辞或句式结构发生更大的变化。

采用回译法需要有可靠的机器翻译模型或服务,而且必须谨慎确保回译后的句子保留了原句的基本含义。

15.7　合成数据生成

合成数据生成是一个总称，用于描述那些人造数据的方法或技术，包括仿真数据和复制现实世界结构的数据。本章讨论的所有方法均可视为合成数据生成技术，因为它们通过对现有数据进行微小修改来生成新数据，从而在创造新内容的同时保持整体含义的连贯性。

现代的合成数据生成技术也包括 GPT 这种解码器风格的大模型（解码器风格的大模型在第 17 章中有更详细的讨论）。我们可以通过这些模型从头开始生成新数据，只需要用到"完成句子"或"生成例句"等提示词。此外，我们还可以将大模型作为回译的替代方案，通过提示词让它们重写句子，如图 15-1 所示。

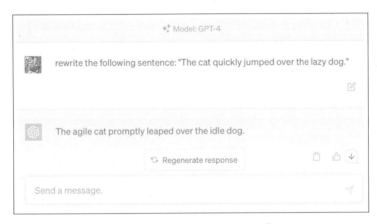

图 15-1　使用大模型重写句子[①]

需要注意的是，如图 15-1 所示，大模型的执行在默认情况下是非确定的，这意味着我们可以多次提示它，以获得各种重写的句子。

15.8　建议

本章讨论的数据增强技术常应用于文本分类、情感分析以及其他自然语言处理任务中，特别是在可用的有标签数据数量有限的情况下。

大模型通常会在庞大、多样的数据集上进行预训练，因此它们可能不像其他更具体的 NLP 任务那样依赖这些增强技术。这是因为大模型的目的是捕获语言的统计特性，而它们所接受训练的海量数据往往已包含了丰富的上下文和表达形式。然而，在大模型的微调阶段，预训练模型要

---

① 图中上句意为："重写接下来的这句话：'猫迅速跃过那只懒狗。'"
　图中下句意为："敏捷的猫迅速跃过了懒惰的狗。"

适配特定任务，并使用更小的、与任务相关的数据集，数据增强技术可能就会再次发挥重要作用，特别是在特定任务的有标签数据有限的情况下。

15.9   练习

15-1. 应用文本数据增强技术能帮助解决隐私问题吗？

15-2. 在哪些情况下，数据增强可能对特定任务没有帮助呢？

15.10   参考文献

❑ WordNet 词典：George A. Miller 所著的 "WordNet: A Lexical Database for English"（1995）。

第 16 章

自注意力

16

自注意力这一名称源自何处？它与早些时候的注意力机制有何不同？

自注意力机制，使神经网络在关注输入的某一特定部分时，能够参考输入的其他部分，实质上赋予了每个部分"关注"输入整体的能力。最初为递归神经网络（RNN）设计的注意力机制，是应用在两个不同序列之间的：编码器和解码器的嵌入。而基于 Transformer 的大模型中使用的注意力机制，则是为了让同一集合中的所有元素都生效而设计的，因此被称为**自注意力**。

为了说明开发注意力机制背后的动机，本章先讨论一种早期为 RNN 设计的注意力机制——Bahdanau 机制。随后将 Bahdanau 机制与今天在 Transformer 架构中广泛应用的自注意力机制进行对比。

16.1 RNN 中的注意力

RNN 中用于处理长序列的注意力机制的实例之一，就是 Bahdanau 注意力。Bahdanau 注意力机制主要针对提升机器学习模型理解长句的水平，尤其是语言翻译模型。在该机制出现以前，完整的输入信息（如一个英语句子）会被压缩成单一的信息块，导致一些重要细节可能丢失，句子较长时更是如此。

为了弄清楚常规注意力与自注意力之间的区别，我们从图 16-1 中 Bahdanau 注意力机制的示例讲起。

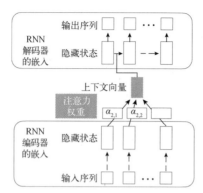

图 16-1　Bahdanau 机制采用独立的 RNN 来计算注意力权重

在图 16-1 中，α 值表示第 2 个序列元素与序列中从 1 到 T 的每个其他元素的注意力权重。此外，这种原始注意力机制涉及两个 RNN。底部用于计算注意力权重的 RNN 代表了编码器，而顶部生成输出序列的 RNN 则是解码器。

简而言之，为 RNN 设计的原始注意力机制应用于两种不同的序列：编码器和解码器的嵌入。对于每个生成的输出序列的元素，顶部的解码器 RNN 依赖于隐藏状态和由编码器生成的上下文向量。该上下文向量涵盖了输入序列的所有元素，是所有输入元素的加权和，其中注意力得分（α 值）充当加权系数。这样一来，解码器在每个步骤都能接触到整个输入序列的元素（上下文）。其核心思想在于，注意力权重（以及上下文）在每一步都可能动态变化，且各有不同。

这种复杂的编码器–解码器设计背后的动机在于，我们不能逐字地翻译句子，这会产生语法上错误的输出，如图 16-2a 中的 RNN 架构所示。

图 16-2　为文本翻译设计的两种 RNN 架构

---

① 由于后文解释本图的例子时明确说明为德语翻译英语的场景，为便于阅读，图上不直接改为中文翻译，在此说明。

图中第一句为错误的英语语法，直译为中文是："你能我帮助这句话翻译吗？"

图中第二句为德语："你能帮我翻译这句话吗？"

图中第三句为英语："你能帮我翻译这句话吗？"

图中第四句为德语："你能帮我翻译这句话吗？"

图 16-2 展示了两种不同的用于句子翻译的序列转序列 RNN 设计。图 16-2a 展示了常规的序列转序列 RNN，我们也许会用它将德语句子逐词翻译成英语。而图 16-2b 展示了编码器–解码器架构的 RNN，它会先读取完整的句子，再进行翻译。

RNN 架构（图 16-2a）最适合时间序列任务。在这类任务中，我们希望一次一预测，比如按日预测某只股票的价格。而对于语言翻译这类任务，我们通常会选择编码器–解码器架构的 RNN，就像图 16-2b 中的架构。在此架构下，RNN 会对输入句子进行编码，将其存储在中间层的隐藏表征中，并生成输出语句。但这就产生了瓶颈，即 RNN 需要通过单一的隐藏状态来记忆整个输入句子，对于较长的序列来说效果并不理想。

图 16-2b 中架构所描述的瓶颈问题催生了 Bahdanau 注意力机制最初的设计，令解码器在每一时间步骤都能访问输入句子中的所有元素。注意力分数还能根据解码器当前生成的词，为不同的输入元素赋予不同的权重。例如，在生成输出序列中的单词"help"时，输入的德语句子中的单词"helfen"可能会被赋予较高的注意力权重，因为它在上下文中呈高度相关性。

16.2　自注意力机制

Bahdanau 注意力机制依赖一种较复杂的编码器–解码器架构，便于在序列到序列的语言建模任务中对长程依赖关系进行建模。在 Bahdanau 机制被提出约三年后，研究人员开始质疑是否真的需要以 RNN 为基础来达到更好的语言翻译水准，并致力于简化序列到序列的建模架构。这一探索促成了原始 Transformer 架构和自注意力机制的设计的诞生。

在自注意力中，注意力机制应用于同一序列的所有元素之间（而非涉及两个序列），如图 16-3 中简化的注意力机制所示。与 RNN 的注意力机制类似，上下文向量就是对输入序列元素的注意力加权求和得到的。

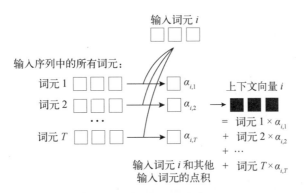

图 16-3　没有权重矩阵的简化版自注意力机制

虽然图 16-3 不包含权重矩阵，但 Transformer 中的自注意力机制通常需要多个权重矩阵来计算注意力权重。

本章为理解 Transformer 模型的内部工作原理和注意力机制奠定了基础。下一章将更详细地介绍不同类型的 Transformer 架构。

16.3   练习

16-1. 考虑到自注意力机制会让序列中的每个元素与其他所有元素进行比较，自注意力的时间复杂度和空间复杂度是多少呢？

16-2. 我们讨论了自然语言处理领域的自注意力机制，该机制对计算机视觉的应用也有效果吗？

16.4   参考文献

❑ 引入原始自注意力机制（也即众所周知的缩放点积注意力）的论文：Ashish Vaswani 等人所著的 "Attention Is All You Need"（2017）。

❑ RNN 中的 Bahdanau 注意力机制：Dzmitry Bahdanau、Kyunghyun Cho 和 Yoshua Bengio 所著的 "Neural Machine Translation by Jointly Learning to Align and Translate"（2014）。

❑ 关于参数化自注意力机制的更多信息，请参阅我的博客文章："Understanding and Coding the Self-Attention Mechanism of Large Language Models from Scratch"。

第 17 章

编码器和解码器风格的 Transformer 架构

基于编码器和解码器的语言 Transformer 之间有哪些区别？

无论是编码器风格还是解码器风格的架构，都采用相同的自注意力层对词元进行编码。两者的主要区别在于，编码器旨在学习可用于各种预测建模任务（如分类）的嵌入，而解码器是为了生成新文本而设计的，例如回答用户的提问。

本章首先介绍了原始的 Transformer 架构，该架构由处理输入文本的编码器和生成翻译的解码器组成。接下来阐述了像 BERT 和 RoBERTa 这类模型如何仅使用编码器来理解上下文，以及 GPT 架构如何强调仅使用解码器机制进行文本生成。

17.1 原始的 Transformer

第 16 章中介绍的原始 Transformer 架构，是为将英语翻译为法语和将英语翻译为德语而研发的。这一架构同时采用了编码器与解码器，如图 17-1 所示。

如图 17-1 所示，输入文本（即要翻译的句子）首先被切分为独立的词元，随后通过嵌入层进行编码（有关嵌入的更多信息，请参阅第 1 章），再进入编码器阶段。在给每个嵌入的词添加位置编码向量后，这些嵌入向量会通过多头自注意力层。接着图 17-1 中的加号（＋）代表的加和步骤登场，该步骤执行层归一化，并通过跳过连接（也称为**残差连接**或**短路连接**）将原始嵌入向量加回。接下来是 LayerNorm，即层归一化模块。该模块通过对前一层的激活值进行归一化，来提高神经网络训练的稳定性。原嵌入向量的加回和层归一化步骤，通常被概括为"残差连接&归一化"步骤。最后，数据进入全连接网络——由两个全连接层组成的小型多层感知机，其间有一个非线性激活函数——输出再次加和并归一化，随后再传递给解码器的多头自注意力层。

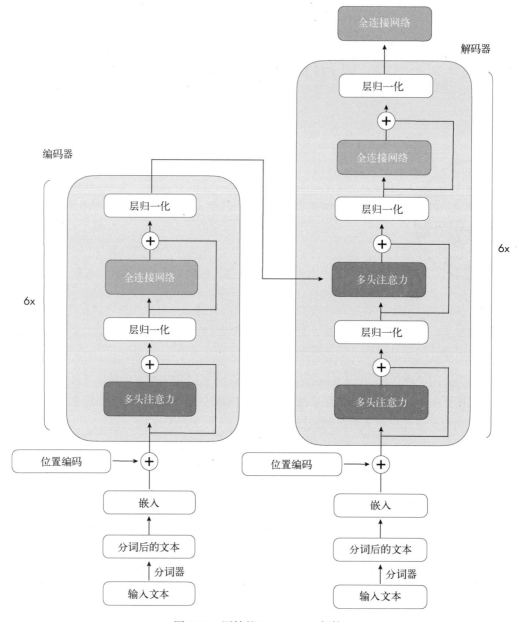

图 17-1   原始的 Transformer 架构

图 17-1 中的解码器与编码器的整体结构相似，主要区别在于输入和输出是不同的：编码器接收要翻译的输入文本，而解码器生成翻译后的文本。

17.1.1 编码器

如图 17-1 所示，原始 Transformer 中的编码器部分负责理解和提取输入文本中的相关信息。接着，它输出输入文本的连续表征（嵌入），并将其传递给解码器。最后，解码器基于从编码器接收到的连续表征生成翻译文本（目标语言）。

多年来，基于前文简单介绍过的原始 Transformer 模型的编码器模块，已经发展出了各种纯编码器架构，其中一个著名的例子就是 BERT，意为基于 Transformer 的双向编码器表征。

如第 14 章所提到的，BERT 是一种基于 Transformer 编码器模块的纯编码器架构。BERT 模型在大规模文本语料库上进行预训练，使用的是掩码语言建模和下一句预测任务。图 17-2 展示了 BERT 类 Transformer 模型中使用的掩码语言建模预训练目标。

输入语句：这只好奇的小猫熟练地爬上了书架

(1) 随机选择15%的词[1]

这只好奇的小猫熟练地爬上了书架

(2) ● 80% 的时间里，用 [MASK] 代替
  ● 10% 的时间里，用随机词元（例如，吃）代替
  ● 10%的时间里，保持不变

改变后的句子：这只好奇的小猫熟练地 [MASK] 了书架

图 17-2　BERT 在预训练期间随机掩蔽 15% 的输入词元

如图 17-2 所示，掩码语言建模背后的主要思想是，在输入序列中随机掩蔽（或替换）词元，然后训练模型根据上下文预测原本被掩蔽的词。

除了图 17-2 展示的掩码语言建模预训练任务外，还有下一句预测任务，它要求模型判断原文档中两个随机混排句子的顺序是否正确。例如，现在有两个句子，以随机顺序混排，用[SEP]标记分隔开（SEP 是 separate 的缩写）。方括号也是标记符号的一部分，用于明确标识这是一个特殊的标记，而不是文本中的常规词语。BERT 类的 Transformer 还使用[CLS]标记。[CLS]用作模型的占位符，提示模型返回"正确"或"错误"标签，以指明句子的顺序是否正确。

---

① 此处的 15%是相对英文原文 "The curious kitten deftly climbed the bookshelf" 而言的。

- ❑ "[CLS] 吐司是一种简单却美味的食物。[SEP] 它通常与黄油、果酱或蜂蜜一起食用。"
- ❑ "[CLS] 它通常与黄油、果酱或蜂蜜一起食用。[SEP] 吐司是一种简单却美味的食物。"

掩码语言建模和下一句预测，这些预训练目标使 BERT 能够学习输入文本的丰富上下文表征，然后就可以针对各种下游任务进行微调，如情感分析、问答和命名实体识别。值得注意的是，这类预训练是自监督学习的一种形式（有关自监督学习的更多信息，请参阅第 2 章）。

RoBERTa，即稳健优化的 BERT 方法（Robustly optimized BERT approach），是 BERT 的改进版。它保持着与 BERT 相同的总体架构，但采用了若干训练和优化方面的改进，例如使用更大的批次大小、更多的训练数据，以及去除下一句预测任务。这些变化使得 RoBERTa 在多种自然语言理解任务上的表现优于 BERT。

17.1.2 解码器

回到图 17-1 中简单介绍过的原始 Transformer 架构，解码器中的多头自注意力机制与编码器中的类似，但在解码器中它会被掩蔽，以防止模型注意到接下来的位置，进而确保位置 i 的预测结果只能依赖于小于 i 的位置的已知输出。如图 17-3 所示，解码器一个词接一个词地生成输出。

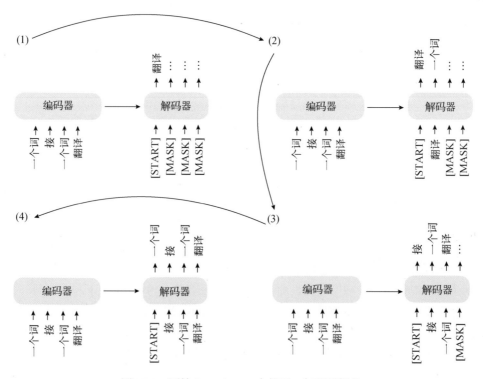

图 17-3 原始 Transformer 中的下一句预测任务

17

这种掩蔽（如图 17-3 明确所示，尽管它发生在解码器的多头自注意力机制内部）对于在训练和推理过程中保持 Transformer 模型的自回归特性至关重要。这种自回归特性确保模型一次只生成一个输出词元，并使用之前生成的词元作为生成下一个词元的上下文。

多年来，研究者们在最初的编码器–解码器 Transformer 架构的基础上不断拓展，开发出了多种纯解码器模型，这些模型在各类自然语言处理任务中被证明高度有效。最著名的模型包括 GPT 家族，我们在第 14 章以及本书其他多个章节中曾简要讨论过。

GPT 的全称为 Generative Pre-trained Transformer，即**生成式预训练 Transformer**。GPT 系列由纯解码器模型构成，这些模型在大规模无监督文本数据上进行预训练，并针对如文本分类、情感分析、问答和文本摘要等特定任务进行了微调。截至本书撰写时，包括 GPT-2、GPT-3 和 GPT-4 在内的 GPT 模型，在各种基准测试中都展现出了卓越的性能，它们是目前自然语言处理领域最受欢迎的架构。

GPT 模型最引人注目的特征之一便是它的涌现能力。这是模型在下一个词预测的预训练任务中自发产生的能力和技巧。尽管这些模型的训练目的只是预测下一个词，但预训练模型还展现出了文本摘要、翻译、问答、分类等能力。此外，这些模型可以在不进行上下文学习以更新模型参数的情况下执行新任务，我们将在第 18 章中对此进行更详细的讨论。

17.2　编码器–解码器混合模型

除了传统的编码器和解码器架构之外，新式编码器–解码器模型也取得了新进展，这些模型充分利用了两个部分的优势。这些模型通常融合了新技术、预训练目标，或是架构上的改进，以提升它们在各类自然语言处理任务中的表现。一些引人注目的新式编码器–解码器模型包括 BART 和 T5。

编码器–解码器模型通常应用于涉及理解输入序列并生成输出序列的自然语言处理任务，这些序列常常具有不同的长度和结构。这类模型特别擅长处理输入和输出序列之间存在复杂映射关系的任务，这对捕获两个序列元素之间的关系是至关重要的。编码器–解码器模型的一些常见应用场景包括文本翻译和文本摘要。

17.3　专业术语

所有这些方法——纯编码器模型、纯解码器模型和编码器–解码器模型——都是序列到序列模型（通常缩写为 seq2seq）。虽然我们将 BERT 类方法称为"纯编码器"，但这种描述可能会引起误解，因为这些方法在预训练过程中也会将嵌入**解码**为输出词元或文本。换句话说，纯编码器架构和纯解码器架构都会执行解码操作。

　　然而，与纯解码器架构和编码器–解码器架构相比，纯编码器架构不会以自回归方式进行解码。**自回归解码**是指逐个词元生成输出序列，每个词元的生成都依赖于之前生成的词元。纯编码器模型不会以这种方式生成连贯的输出序列。相反，它们专注于理解输入文本，并产生特定于任务的输出，如任务标签或词元的预测。

17.4　当代 Transformer 模型

　　简而言之，编码器风格的模型很适合学习分类任务中的嵌入向量，编码器-解码器模型用于输出强依赖于输入的生成式任务（例如翻译和摘要），而纯解码器模型用于其他类型的生成任务，包括问答。自第一个 Transformer 架构问世以来，人们已经开发出了数百种纯编码器模型、纯解码器模型和编码器-解码器混合模型，如图 17-4 所示。

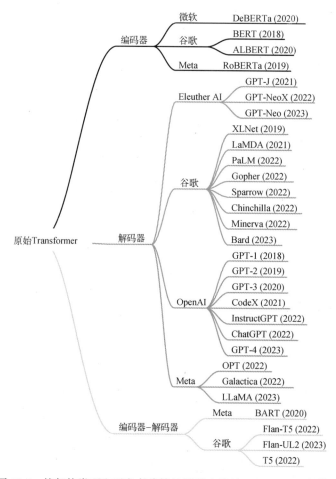

图 17-4　按架构类型和开发者编排的最受欢迎的 Transformer 大模型

虽然纯编码器模型已经变得不那么流行，但由于 GPT-3、ChatGPT 和 GPT-4 在文本生成方面的突破，GPT 等纯解码器模型的受欢迎程度呈爆炸式增长。但纯编码器模型对于基于文本嵌入训练预测模型还是非常有用的，这与文本生成任务不同。

17.5　练习

17-1. 如本章所述，BERT 类编码器模型使用掩码语言建模和下一句预测预训练目标进行预训练。我们如何通过这种预训练模型来完成分类任务（例如，预测文本情感是积极的还是消极的）？

17-2. 我们可以对 GPT 这类纯解码器模型进行微调以执行分类任务吗？

17.6　参考文献

- RNN 的 Bahdanau 注意力机制：Dzmitry Bahdanau、Kyunghyun Cho 和 Yoshua Bengio 所著的 "Neural Machine Translation by Jointly Learning to Align and Translate"（2014）。
- 关于 BERT 的原论文普及了使用掩码词和下一句预测预训练目标的编码器风格 Transformer：Jacob Devlin 等人所著的 "BERT: Pretraining of Deep Bidirectional Transformers for Language Understanding"（2018）。
- RoBERTa 通过对训练程序进行优化，使用更大的训练数据集，并且移除下一句预测任务，实现了对 BERT 的改进：Yinhan Liu 等人所著的 "RoBERTa: A Robustly Optimized BERT Pretraining Approach"（2019）。
- BART 编码器–解码器架构：Mike Lewis 等人所著的 "BART: Denoising Sequence-to-Sequence Pre-training for Natural Language Generation, Translation, and Comprehension"（2018）。
- T5 编码器–解码器架构：Colin Raffel 等人所著的 "Exploring the Limits of Transfer Learning with a Unified Text-to-Text Transformer"（2019）。
- 第一篇提出 GPT 架构的论文：Alec Radford 等人所著的 "Improving Language Understanding by Generative Pre-Training"（2018）。
- 关于 GPT-2 模型的论文：Alec Radford 等人所著的 "Language Models Are Unsupervised Multitask Learners"（2019）。
- 关于 GPT-3 模型的论文：Tom B. Brown 等人所著的 "Language Models Are Few-Shot Learners"（2020）。

第 18 章

使用和微调预训练
Transformer

使用和微调预训练大模型的方法有哪些？

使用和微调预训练大模型最常见的三种方法包括基于特征的方法、上下文提示词和更新模型参数的子集。首先，大多数预训练大模型或语言 Transformer 可以在不需要进一步微调的情况下使用。例如，我们可以采用基于特征的方法，通过预训练 Transformer 生成的嵌入来训练一个新的下游模型，如线性分类器。其次，我们可以在输入中直接展示新任务的实例，也就是说我们可以直接给出预期结果，而不需要模型进行任何更新或学习。这个概念也被称为**提示**。最后，也可以通过微调所有或一小部分参数来达到期望的结果。

本章将更深入地讨论这些方法。

18.1 使用 Transformer 执行分类任务

让我们从运用预训练 Transformer 的传统方法开始讲起：基于特征嵌入训练另一个模型、微调输出层，以及微调所有模型层。我们将在分类任务这一背景下进行讨论。（我们将在 18.2 节再回到提示词这个话题上。）

在基于特征的方法中，我们加载预训练模型，并使其保持"冻结"状态，也就是说，我们不更新预训练模型的任何参数。相反，我们将模型当作一个特征提取器，应用于我们的新数据集。接着，我们在这些嵌入上训练一个下游模型。这个下游模型可以是我们喜欢的任何模型（随机森

林、XGBoost 等），但线性分类器通常表现最好。这可能是因为像 BERT 和 GPT 这样的预训练
Transformer 已经从输入数据中抽取出了高质量、信息丰富的特征。这些特征的嵌入通常已经捕获
到了复杂的关系和模式，使得线性分类器能轻易地将数据有效地划分为不同的类别。此外，如逻
辑回归机和支持向量机等线性分类器，往往具有很强的归一化特性，有助于防止在处理预训练
Transformer 生成的高维特征空间的过程中发生过拟合。这种基于特征的方法是最高效的方法，因
为它根本不需要更新 Transformer 模型。最后，在分多个周期训练分类器时，可以为给定的训练
数据集预先计算嵌入（因为它们[1]不会改变）。

图 18-1 展示了如何通过微调创建大模型，并将其用于下游任务。此处，一个在通用文本语料
库上预训练的模型经过微调，可以执行从德语到英语的翻译等任务。

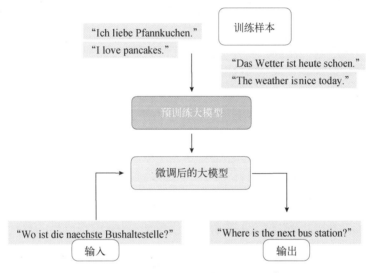

图 18-1 常规的大模型微调工作流[2]

微调预训练大模型的传统方法包括只更新输出层，我们称之为**微调 I**，以及更新模型的所有
层，我们称之为**微调 II**。

微调 I 类似于前面介绍的基于特征的方法，但它为大模型本身添加了一个或多个输出层。大
模型的核心部分保持"冻结"状态，我们只更新这些新输出层中的模型参数。由于不需要在整个

① 此处的"它们"指代给定训练数据集的嵌入。
② 左上第一句 "Ich liebe Pfannkuchen." 为德语，意为"我喜欢煎饼"；下方 "I love pancakes." 为英语，含义相同。
  右上第一句 "Das Wetter ist heute schoen." 为德语，意为"今天天气很好"；下方 "The weather is nice today." 为英
  语，含义相同。
  左下 "Wo ist die naechste Bushaltestelle?" 为德语，意为"下一个公交车站在哪里？"；右下 "Where is the next bus
  station?" 为英语，含义相同。

网络中反向传播，这种方法在吞吐量和内存等方面的需求都相对更低。

在微调 II 中，我们加载模型，并像微调 I 那样添加一个或多个输出层。但是，我们不只是通过最后几层进行反向传播，而会通过反向传播更新所有层，这是成本最高的一种方法。虽然这种方法在计算方面比基于特征的方法以及微调 I 成本更高，但它通常会带来更好的建模或预测表现，对于更专业的领域特定的数据集来说更是如此。

图 18-2 总结了本节到目前为止介绍过的三种方法。

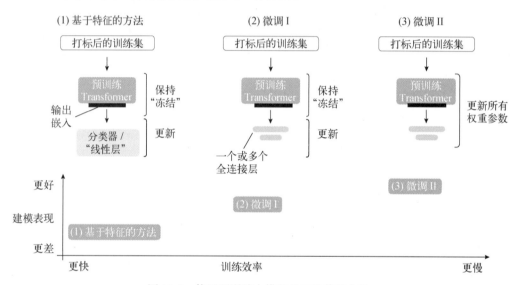

图 18-2   使用预训练大模型的三种传统方法

除了本节所介绍的三种微调方法的概念性总结外，图 18-2 还提供了关于这些方法的训练效率的经验性指导。由于微调 II 涉及比微调 I 更多的层和参数更新，因此微调 II 的反向传播成本更高。基于同样的原因，微调 II 比更简单的基于特征的方法成本更高。

18.2   上下文学习、索引和提示词调优

GPT-2 和 GPT-3 等大模型普及了**上下文学习**的概念，这种概念在此背景下通常称为**零样本学习**或**小样本学习**，如图 18-3 所示。

如图 18-3 所示，上下文学习会在输入或提示中提供任务的背景或示例，使模型能够推断出期望的行为并生成恰当的回复。这种方法利用了模型在预训练期间从大量数据中学习的能力，其中包括各种各样的任务和情境。

图 18-3　用上下文学习为大模型进行提示

注意 这里小样本学习的定义和基于上下文学习的方法是同义词，它不同于我们在第 3 章讨论的传统小样本学习方法。

例如，假设我们想在 GPT-3 这样的预训练大模型上，用上下文学习实现小样本的从德语到英语的翻译。为此，我们提供了一些从德语到英语的翻译示例，以帮助模型理解预期任务，如下所示。

```
将如下德语句子翻译为英语：

示例 1:
德语: "Ich liebe Pfannkuchen."
英语: "I love pancakes."

示例 2:
德语: "Das Wetter ist heute schoen."
英语: "The weather is nice today."

翻译本句:
德语: "Wo ist die naechste Bushaltestelle?"
```

一般来说，对于某些任务或特定数据集，上下文学习的表现不如微调，因为它依赖于预训练模型从其训练数据中泛化的能力，而没有针对特定任务进一步调整其参数。

然而，上下文学习有其优势。当用于微调的有标签数据有限或不可用时，它可能特别有用。

在我们无法直接访问模型，或仅能通过 UI 或 API（例如 ChatGPT）与模型交互的情况下，它也让我们无须微调模型参数即可对不同任务进行快速实验。

与上下文学习相关的是**硬提示词调优**的概念，这里的"硬"是指输入词元的不可微性。前面介绍的微调方法会更新模型参数以便更好地执行当前任务，而硬提示词调优的目的是优化提示词本身，以实现更好的效果。提示词调优不会修改模型参数，但它可能会用到一个较小的有标签数据集来确定特定任务的最佳提示词格式。例如，为了改进之前从德语到英语翻译任务的提示词，我们可能会尝试以下三种提示词变体。

❑ "翻译德语句子 '{德语句子}' 为英语：{英语句子}"
❑ "德语：'{德语句子}' ｜ 英语：{英语译文}"
❑ "从德语翻译为英语：'{德语句子}' -> {英语译文}"

提示词调优是参数微调的一种资源效率更高的替代方案。然而，它的性能通常不如全模型微调好，因为它不会为特定任务更新模型的参数，这可能会限制模型适应特定任务的细微差别的能力。此外，提示词调优可能是劳动密集型的，因为它需要人工参与比较不同提示词的质量，或者用其他类似的方法来完成这项工作。这通常被称为**硬提示**，因为输入词元是不可微分的。此外，还有其他方法提出，可以使用另一个大模型来自动生成和评估提示词。

另一种完全使用基于上下文学习方法的方式是**索引**，如图 18-4 所示。

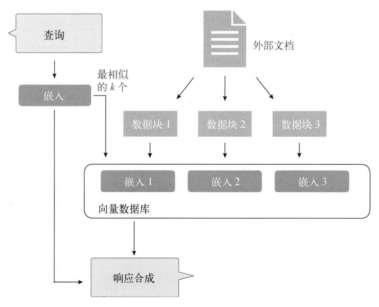

图 18-4   用于从外部文档中检索信息的大模型索引

在大模型背景下，我们可以将索引视为一种基于上下文学习的变体方法，它让我们能够将大模型转化为信息检索系统，从外部资源和网站中提取信息。在图 18-4 中，索引模块将文档或网站解析为更小的数据块，嵌入化为向量，使之可以存储在向量数据库中。当用户提交查询请求时，索引模块计算查询内容的嵌入向量与数据库中存储的每个向量之间的向量相似度。最后，索引模块检索前 k 个最相似的嵌入向量，合成响应结果。

18.3 参数高效的微调方法

近年来，已经有许多新研发的方法能更有效地使预训练 Transformer 适配新的目标任务。这些方法通常被称为**参数高效的微调方法**，截至本书撰写时，最流行的方法如图 18-5 所示。

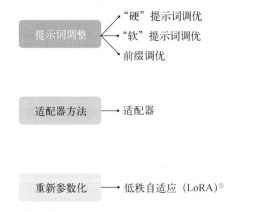

图 18-5　参数高效的微调方法的主要分类，附时下流行的示例

与前一节讨论的硬提示词方法不同，**软提示词**策略优化了提示词的嵌入形式。在硬提示词调优中，我们修改离散的输入词元，而在软提示词调优中，我们则使用可训练的参数张量。

软提示词调优背后的思想是，在嵌入化的查询词元前添加一个可训练的参数张量（“软提示词”）。然后，通过梯度下降调整前置的张量，来提升在目标数据集上的建模性能。用类似 Python 的伪代码，软提示调优可以描述为

```
x = EmbeddingLayer(input_ids)
x = concatenate([soft_prompt_tensor, x],
                dim=seq_len)
output = model(x)
```

其中，soft_prompt_tensor 具有与嵌入层产生的嵌入化输入相同的特征维度。因此，修改后的输入矩阵会有额外的行（就好像它用额外的词元扩展了原始输入序列，使其更长）。

---

① 全称为 Low-Rank Adaptation。

另一种流行的提示词调优方法是**前缀调优**。前缀调优类似于软提示词调优，区别在于在前缀调优中，我们将可训练的张量（软提示词）加在每个 Transformer 模块的前面，而不仅仅是嵌入的输入前，这样可以保持训练过程稳定。代码清单 18-1 中的伪代码展示了前缀调优的实现方式。

代码清单 18-1   用于前缀调优的 Transformer 模块

```
def transformer_block_with_prefix(x):
❶ soft_prompt = FullyConnectedLayers(# Prefix
       soft_prompt)                  # 前缀
❷ x = concatenate([soft_prompt, x],  # 前缀
                   dim=seq_len)       # 前缀
❸ residual = x
   x = SelfAttention(x)
   x = LayerNorm(x + residual)
   residual = x
   x = FullyConnectedLayers(x)
   x = LayerNorm(x + residual)
   return x
```

我们将代码清单 18-1 分为三个主要部分：实现软提示词，将软提示词（前缀）与输入拼接，以及实现 Transformer 模块的其余部分。

首先，soft_prompt 是一个张量，通过一组全连接层❶进行处理。其次，将转换后的软提示词与主要输入 x❷连接。它们连接的维度用 seq_len 表示，指的是序列长度维度。最后，后续的代码行❸描述了 Transformer 模块中的标准操作，包括自注意力机制、层归一化以及残差连接包裹下的前馈神经网络层。

如代码清单 18-1 所示，前缀调优通过添加可训练的软提示词来修改 Transformer 模块。图 18-6 进一步说明了常规 Transformer 模块和前缀调优 Transformer 模块之间的差异。

软提示词调优和前缀调优都被认为是参数高效的，因为它们只需要训练前缀参数张量，而不需要训练大模型参数本身。

适配器方法与前缀调优有关联，因为它们都向 Transformer 层中添加了额外的参数。原始适配器方法在每个 Transformer 模块中的多头自注意力层和现有的完全连接层之后，添加了额外的全连接层，如图 18-7 所示。

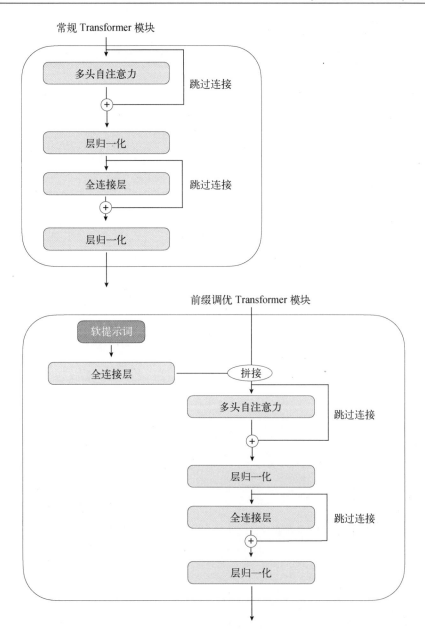

图 18-6　常规 Transformer 模块与前缀调优 Transformer 模块的对比

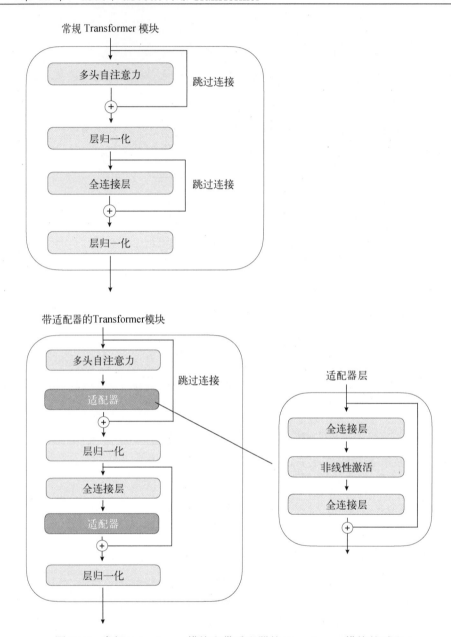

图 18-7   常规 Transformer 模块和带适配器的 Transformer 模块的对比

使用原始的适配器方法训练大模型时,只有新的适配器层会更新,而其余的 Transformer 层则保持冻结状态。由于适配器层通常很小——适配器模块的第一个全连接层将其输入映射到一个低维表征,而第二层将其映射回原输入的维度——我们通常认为这样的适配器方法是参数高效的。

在伪代码中，原始的适配器方法可以这样表示：

```
def transformer_block_with_adapter(x):
    residual = x
    x = SelfAttention(x)
    x = FullyConnectedLayers(x)  # 适配器
    x = LayerNorm(x + residual)
    residual = x
    x = FullyConnectedLayers(x)
    x = FullyConnectedLayers(x)  # 适配器
    x = LayerNorm(x + residual)
    return x
```

18

　　低秩自适应（LoRA）是另一种值得考虑且流行的参数高效的微调方法，它是指用低秩变换对预训练大模型的权重进行重新参数化。LoRA 与**低秩变换**的概念相关，低秩变换是一种使用低维表征来近似高维矩阵或数据集的技术。低维表征（或**低秩近似**）是通过找到可以有效捕获原始数据中大部分信息的较低维度组合实现的。流行的低秩变换技术包括主成分分析和奇异向量分解。

　　例如，假设 ΔW 代表大模型维度为 $\mathbb{R}^{A \times B}$ 的权重矩阵的参数更新量。我们可以将权重更新矩阵分解为两个更小的矩阵：$\Delta W = W_A W_B$，其中 $W_A \in \mathbb{R}^{A \times h}$ 且 $W_B \in \mathbb{R}^{h \times B}$，这里，我们保持原权重为冻结状态，只训练新矩阵 W_A 和 W_B。

　　如果我们引入新的权重矩阵，这种方法又是如何实现参数高效的呢？这些新矩阵可以非常小。如果 $A = 25$，$B = 50$，则 ΔW 的大小为 $25 \times 50 = 1250$。如果 $h = 5$，则 W_A 就有 125 个参数，W_B 就有 250 个参数，两个矩阵加起来总共只有 125 + 250 = 375 个参数。

　　在学习了权重更新矩阵后，我们可以写出全连接层的矩阵乘法，如代码清单 18-2 中的伪代码所示。

代码清单 18-2　LoRA 矩阵乘法

```
def lora_forward_matmul(x):
    h = x . W # Regular matrix multiplication
    h += x . (W_A . W_B) * scalar
    return h
```

　　在代码清单 18-2 中，scalar 是一个缩放因子，用于调整组合结果的大小（原始模型输出加上低秩自适应）。这样就平衡了预训练模型自身的知识与特定于新任务的适配知识。

　　根据提出 LoRA 方法的原论文，在多个特定任务的基准测试中，使用 LoRA 的模型性能略优于使用适配器方法的模型。通常，LoRA 的性能甚至超过使用前面介绍过的微调 II 方法微调的模型。

18.4 基于人类反馈的强化学习

上一节重点介绍了提高微调效率的各种方法。这一节中，我们探讨如何通过微调来提高大模型的建模性能。

为新目标领域或任务而适配或微调大模型的传统方法，是使用目标领域的有标签数据进行监督学习。例如，利用微调 II 方法，我们可以使用包含**积极**、**中性**和**消极**情绪标签的文本数据集来适配预训练大模型，并在如情绪分类这样的目标任务上进行微调。

监督微调是训练大模型的基本步骤。另一种更高级的附加步骤是**基于人类反馈的强化学习**（RLHF），它可以进一步提高模型与人类偏好的一致性。例如，ChatGPT 及其前身 InstructGPT 就是使用 RLHF 对预训练大模型（GPT-3）进行微调的两个广为人知的例子。

在 RLHF 中，预训练模型通过监督学习和强化学习的结合来进行微调。这种方法由最初的 ChatGPT 模型所普及，而 ChatGPT 又是基于 InstructGPT 发展而来的。人类反馈是通过人工对不同的模型输出进行排序或评级来收集的，从而提供奖励信号。收集的奖励标签可以用于训练一个奖励模型，然后将该奖励模型用于指导大模型根据人类的喜好进行调整。奖励模型是通过监督学习来训练的，并且通常使用预训练大模型作为底座模型，然后通过额外的微调来使预训练大模型适应人类的喜好。这个额外的微调阶段的训练过程采用了一种被称为**近端策略优化**的强化学习风格。

RLHF 采用奖励模型，而不是直接用人类反馈训练一个预训练模型，是因为将人类纳入学习过程将产生瓶颈，原因是我们无法实时获得反馈。

18.5 适配预训练语言模型

虽然对预训练大模型的所有层进行微调仍是适应新目标任务的黄金标准，但要充分利用预训练 Transformer，还是存在几种有效的替代方案。例如，我们可以通过利用基于特征的方法、上下文学习，以及参数高效的微调技术，在最小化计算成本和资源消耗的同时，有效地将大模型应用于新任务。

三种传统方法——基于特征的方法、微调 I 和微调 II——有不同的计算效率和性能权衡。软提示词调优、前缀调优和适配器方法等参数高效的微调方法进一步优化了自适应过程，减少了需要更新的参数数量。同时，RLHF 为监督微调提供了一种替代途径，也许能提高建模性能。

总之，预训练大模型的功能多样性和效率都在不断提高，为将这些模型有效适配到广泛的任务和领域提供了新的机遇和策略。随着这一领域的研究继续发展，我们可以期待在预训练语言模型的应用上取得更多改进和创新。

18.6 练习

18-1. 在什么情况下使用上下文学习比使用微调更有意义？在什么情况下情况正好相反？

18-2. 在前缀调优、适配器和 LoRA 中，我们如何确保模型保留了（并且不会忘记）原始知识？

18.7 参考文献

❑ 提出 GPT-2 模型的论文：Alec Radford 等人所著的 "Language Models Are Unsupervised Multitask Learners"（2019）。

❑ 提出 GPT-3 模型的原论文：Tom B. Brown 等人所著的 "Language Models Are Few-Shot Learners"（2020）。

❑ 自动化提示词工程的方法，该方法建议使用另一个大模型来实现提示词自动生成和评估：Yongchao Zhou 等人所著的 "Large Language Models Are Human-Level Prompt Engineers"（2023）.

❑ LlamaIndex 是一个利用上下文学习实现索引方法的例子。

❑ DSPy 是一个广受欢迎的开源库，用于检索增强和索引。

❑ 软提示词的第一个案例：Brian Lester、Rami Al-Rfou 和 Noah Constant 所著的 "The Power of Scale for Parameter-Efficient Prompt Tuning"（2021）。

❑ 第一篇介绍前缀调优的论文：Xiang Lisa Li 和 Percy Liang 所著的 "Prefix-Tuning: Optimizing Continuous Prompts for Generation"（2021）。

❑ 提出原始适配器方法的论文：Neil Houlsby 等人所著的 "Parameter-Efficient Transfer Learning for NLP"（2019）.

❑ 提出 LoRA 方法的论文：Edward J. Hu 等人所著的 "LoRA: Low-Rank Adaptation of Large Language Models"（2021）。

❑ 涵盖 40 多篇涉及参数高效微调方法的论文的综述：Vladislav Lialin、Vijeta Deshpande 和 Anna Rumshisky 所著的 "Scaling Down to Scale Up: A Guide to Parameter-Efficient Fine-Tuning"（2023）。

❑ 关于 InstructGPT 的论文：Long Ouyang 等人所著的 "Training Language Models to Follow Instructions with Human Feedback"（2022）。

❑ 用于基于人类反馈的强化学习的近端策略优化：John Schulman 等人所著的 "Proximal Policy Optimization Algorithms"（2017）。

第 19 章

评测生成式大模型

评测大模型生成文本质量的标准指标有哪些？为什么这些指标是有效的？

困惑度、BLEU、ROUGE 和 BERTScore 是自然语言处理领域最常见的评测指标，用于评测大模型在各类任务中的性能。虽然人类的质量评判不可替代，但人工评测耗时费力、难以自动化，并且有主观性。因此，我们设计这些指标来提供客观的总结性评分，以衡量进展并对比不同的方法。

本章讨论了评测大模型时内在和外在性能指标之间的区别，并深入探讨了 BLEU、ROUGE 和 BERTScore 等广受认可的评测指标，还提供了简单的实践案例以便演示说明。

19.1 大模型的评测指标

困惑度[①]指标与预训练大模型的损失函数直接相关，通常用于评测文本生成模型和文本补全模型。本质上，它量化了模型在给定上下文中预测下一个词的平均不确定性——困惑度越低，模型的表现就越好。

BLEU（bilingual evaluation understudy，双语评测辅助）得分是一种广泛用于评测机器生成翻译质量的指标。它度量机器生成的翻译与一组人工翻译的参考译文之间的 n 元语法（n-gram）的重叠程度。BLEU 得分越高，表示模型的性能越好，得分范围从 0（最差）到 1（最好）。

ROUGE（recall-oriented understudy for gisting evaluation，面向召回率的摘要评测辅助）得分是一种主要用于评测自动摘要（有时是机器翻译）模型的指标。它衡量生成的摘要与参考摘要之

---

① 多数文献中使用英文原词 Perplexity。

间的重叠程度。

我们可以将困惑度视为一种**内在指标**,将 BLEU 和 ROUGE 看作**外在指标**。为了说明这两类指标之间的区别,我们可以考虑优化传统的交叉熵来训练图像分类器。交叉熵是我们在训练过程中要优化的损失函数,但我们的最终目标是最大限度地提高分类准确度。由于分类准确度在训练过程中不能直接优化,因为它是不可微的,所以我们最小化了类似交叉熵这样的替代损失函数。最小化交叉熵损失或多或少与最大化分类准确度有关。

困惑度常常被用作比较不同语言模型性能的评测指标,但它并不是训练过程中的优化目标。BLEU 和 ROUGE 与分类准确度更为相关,或者更确切地说是与精确度和召回率更相关。事实上,BLEU 是一种类似于精确度的得分,用于评估翻译文本的质量,而 ROUGE 则是一种类似于召回率的得分,用于评测摘要文本的质量。

下面将更详细地讨论这些指标的机制。

19.1.1 困惑度

困惑度与训练过程中直接最小化的交叉熵密切相关,这就是为什么我们将困惑度称为内在指标。

困惑度定义为 $2^{H(p,\ q)/n}$,其中 $H(p,\ q)$ 是词 p 的真实分布和词 q 的预测分布之间的交叉熵;n 是句子长度(词或词元的数量),用于对得分进行归一化。随着交叉熵的减小,困惑度也会降低——困惑度越低,模型的表现越好。虽然我们通常使用自然对数来计算交叉熵,但为了保持直观的关系,我们使用以 2 为底的对数来计算交叉熵和困惑度(然而,无论使用以 2 为底的对数还是使用自然对数,都仅是次要的实现细节)。

在实践中,由于目标句子中每个词的概率总是 1,我们计算交叉熵的方式是取模型为我们评测返回的概率得分的对数。换句话说,如果我们有句子 s 中每个词的预测概率得分,可以直接按照以下方式计算困惑度:

$$\text{Perplexity}(s) = 2^{-\frac{1}{n}\log_2\left(p(s)\right)}$$

其中,s 是我们想要评测的句子或文本,例如 "迅捷的棕色狐狸跳过懒惰的狗",$p(s)$ 是模型返回的概率得分,n 是词或词元的数量。如果模型返回概率分数[0.99, 0.85, 0.89, 0.99, 0.99, 0.99, 0.99, 0.99],那么困惑度就是:

$$2^{-\frac{1}{8}\sum_i \log_2 p(w_i)}$$

$$= 2^{-\frac{1}{8}\log_2 (0.99\times0.85\times0.89\times0.99\times0.99\times0.99\times0.99\times0.99)}$$

$$\approx 1.043$$

如果句子是"迅捷的黑猫跃过懒惰的狗"，概率分数为[0.99, 0.65, 0.13, 0.05, 0.21, 0.99, 0.99, 0.99]，则相应的困惑度约为 2.419。

你可以在本书代码仓库的 supplementary/q19-evaluation-llms 子文件夹中找到此计算的代码实现和示例。

19.1.2　BLEU

BLEU 是评测文本翻译最受欢迎且应用最为广泛的指标。它几乎用于所有具备翻译能力的大模型，包括 OpenAI 的 Whisper 和 GPT 模型等流行工具。

BLEU 是一种基于参考的指标，它将模型输出与人工参考文本进行比较，最初的开发目的是捕获或者说自动化人类评测的本质[①]。简而言之，BLEU 根据精确度得分衡量模型输出和人类参考文本之间的词汇重叠程度。

更具体地说，作为一种基于精确度的指标，BLEU 会统计生成文本（候选文本）中有多少词出现在参考文本中，并除以候选文本长度（词数），这里的参考文本是人工提供的译文。通常，这样的计算不是针对单个词，而是针对 n-gram[②]，但为简单起见，我们暂时只讨论单个词的情况，也就是 1-gram。（在实践中，BLEU 通常按 4-gram 计算。）

图 19-1 以计算 1-gram BLEU 得分为例，演示了 BLEU 得分的计算过程。图中的各个步骤说明了我们如何根据其各个分量计算 1-gram BLEU 得分，即加权后的精确度与短句惩罚因子的乘积。你还可以在本书代码仓库的 supplementary/q15-text-augment 子文件夹中找到此计算的代码实现。

BLEU 有几个缺点，主要归因于它衡量的是字符串相似度，而仅凭相似度不足以全面捕捉翻译质量。例如，单词相似但语序不同的句子可能仍然得分很高，然而改变词序往往能显著地改变句子的意义，并导致语法结构不佳。此外，由于 BLEU 依赖精确的字符串匹配，它对词汇变化很敏感，无法识别使用同义词或改述后在语义上相似的翻译。换句话说，BLEU 可能会给那些实际上准确且有意义的翻译打较低的分数。

最早的 BLEU 论文发现该指标与人类评测有很高的相关性，但这一观点在后来的研究中被证伪。

---

① 这里作者想表达的应该是：BLEU 最初的开发目的，是抽象人类专家评测机器翻译质量的行为本质，并用算法自动化。

② 即连续出现的 n 个词组成的序列。

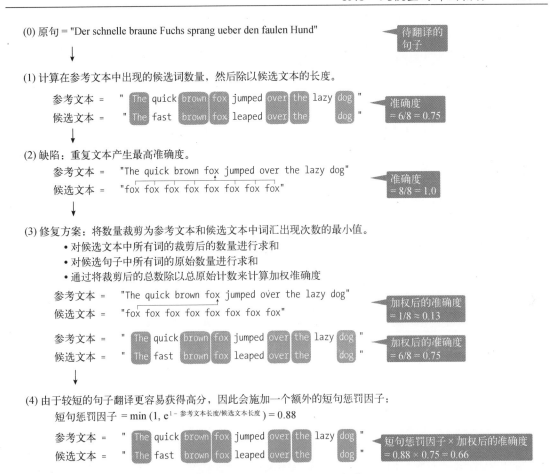

图 19-1 计算 1-gram BLEU 得分

BLEU 有缺陷吗？有。那它还有用吗？有用。BLEU 是一个有用的工具，它可以衡量或评估模型在训练过程中是否有所改善，作为评估流畅度的一种间接指标。然而，它可能无法可靠地正确评估所生成翻译的质量，也不适合检测问题。换言之，它最适合用作模型选择的工具，而不是模型评测工具。

在撰写本书时，BLEU 最常见的替代方案是 METEOR 和 COMET（更多详情请参阅本章末尾的"参考文献"）。

19.1.3 ROUGE

BLEU 常用于翻译任务，而 ROUGE 是对文本摘要进行评分的流行指标。

BLEU 和 ROUGE 之间有许多相似之处。基于精确度的 BLEU 得分检查候选翻译中有多少个词出现在参考翻译中。而 ROUGE 分数采取了一种反过来的方法，它检查参考文本中有多少个词出现在生成的文本中（这里通常是摘要而不是翻译），这可以被解读为一种基于召回率的得分。

现代的实现会将 ROUGE 计算为 F1 分数，它是召回率（参考文本中有多少个词在候选文本中出现）和精确度（候选文本中有多少个词在参考文本中出现）的调和平均值。例如，图 19-2 展示了 1-gram 的 ROUGE 得分的计算（尽管在实践中，ROUGE 通常是以二元组计算的，即 2-gram）。

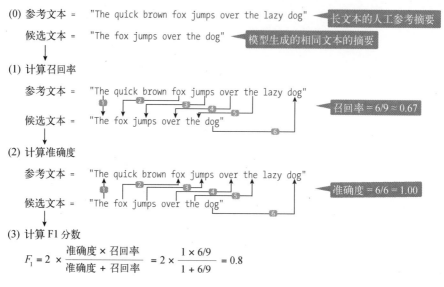

图 19-2　计算 1-gram 的 ROUGE 得分

除了 ROUGE-1（基于 F1 分数的 1-gram ROUGE 得分）之外，还有其他 ROUGE 变体。

- **ROUGE-*N*** 衡量候选摘要和参考摘要之间的 *n*-gram 重叠程度。例如，ROUGE-1 会考虑单个词的重叠（1-gram），而 ROUGE-2 会考虑 2-gram 的重叠（bigram）。
- **ROUGE-L** 衡量候选摘要和参考摘要之间最长的公共子序列（LCS）。该指标捕获的是最长的按顺序共同出现的子序列，这些子序列之间可能存在词汇间隔。
- **ROUGE-S** 衡量跳跃二元组（skip-bigrams）的重叠程度。skip-bigrams 即一对词之间可以有灵活数量的其他词。这对于捕获不同词序的句子间的相似性很有用处。

ROUGE 与 BLEU 有着相似的不足。与 BLEU 一样，ROUGE 并未考虑到同义词或意译的情况。它衡量的是候选摘要与参考摘要之间的 *n*-gram 重叠，这可能导致对语义相似但词不同的句子给出较低的评分。然而，了解 ROUGE 仍旧是值得的，因为根据一项研究，2021 年计算语言学会议上所有介绍新型摘要模型的论文，全部使用了 ROUGE 作为评估指标，并且其中 69% 的论文仅使用了 ROUGE 来进行评估。

19.1.4 BERTScore

另一项近期研究出的外在指标是 BERTScore。

对于熟悉生成式视觉模型创生分数（inception score）的读者来说，BERTScore 采用了类似的方法，它利用了预训练模型生成的嵌入（有关嵌入的更多信息，请参阅第 1 章）。在这里，BERTScore 通过 BERT 模型（第 17 章讨论的编码器风格的 Transformer）生成的上下文嵌入，来衡量候选文本和参考文本之间的相似性。

计算 BERTScore 的步骤如下。

1. 通过你想要评测的语言模型（如 PaLM、LLaMA、GPT、BLOOM 等）得到待评测的候选文本。
2. 将候选文本与参考文本分词，最好使用与训练 BERT 模型时相同的分词器。
3. 用预训练 BERT 模型为参考文本和候选文本的所有词元生成嵌入。
4. 将候选文本中的每个词嵌入与参考文本中的所有词嵌入进行比较，计算它们之间的余弦相似度。
5. 将候选文本中的每个词元与参考文本中具有最高余弦相似度的词元对齐。
6. 通过计算候选文本中所有词元的平均相似度得分，来得出最终的 BERTScore。

图 19-3 详细展示了这 6 个步骤，你也可以在本书代码仓库的 supplementary/q15-text-augment 子文件夹中找到计算示例。

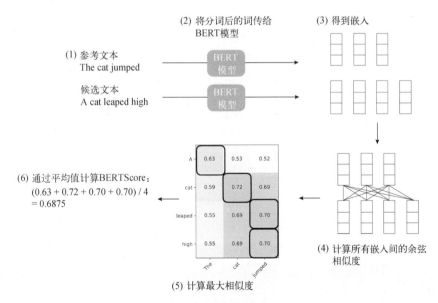

图 19-3　按步骤计算 BERTScore

BERTScore 可用于评测翻译和摘要，相较于传统的指标，如 BLEU 和 ROUGE，它能更好地捕捉语义相似性。然而，BERTScore 在释义方面比 BLEU 和 ROUGE 更具稳健性，并且由于其上下文嵌入的特性，能够更准确地把握语义相似性。此外，它可能在计算成本上高于 BLEU 和 ROUGE，因为它需要使用预训练的 BERT 模型进行评测。虽然 BERTScore 提供了一个有效的自动评测指标，但它并非完美无缺，它仍应与其他评测技术一起使用，包括人工判断。

19.2　替代指标

本章涵盖的所有指标都是替代或代理指标，用于评测模型在完成特定目标时与人类表现相比的优劣程度。正如前面提到的，评测大模型的最佳方法还是指派人工评分员来评判结果。然而，由于这种方式通常成本高昂且不易扩大规模，我们转而使用上述指标来估算模型的性能。引用 InstructGPT 论文 "Training Language Models to Follow Instructions with Human Feedback" 中的这句话："公共 NLP 数据集并不能反映我们的语言模型实际使用的情境……[它们的]设计目的是捕获那些易于通过自动化指标评测的任务。"

除了困惑度、ROUGE、BLEU 和 BERTScore 之外，还有其他几种流行的评测指标用于评测大模型的预测性能。

19.3　练习

19-1. 在图 19-3 的步骤(5)中，"cat" 的两个嵌入之间的余弦相似度不是 1.0，为什么？这里的 1.0 表示最大余弦相似度。

19-2. 在实践中，我们可能会发现 BERTScore 并不具备对称性。也就是说，对于特定的文本，交换候选句与参考句的位置可能会导致不同的 BERTScore 结果。我们该如何解决这个问题？

19.4　参考文献

- 提出原始 BLEU 方法的论文：Kishore Papineni 等人所著的 "BLEU: A Method for Automatic Evaluation of Machine Translation" (2002)。
- 后续研究否定了 BLEU 与人类评测之间存在高相关性的观点：Chris Callison-Burch、Miles Osborne 和 Philipp Koehn 所著的 "Re-Evaluating the Role of BLEU in Machine Translation Research" (2006)。
- 基于 20 多年来发表的 37 项研究总结的 BLEU 的缺点：Benjamin Marie 所著的 "12 Critical Flaws of BLEU" (2022)。

- 提出原始 ROUGE 方法的论文：Chin-Yew Lin 所著的"ROUGE: A Package for Automatic Evaluation of Summaries"（2004）。
- 关于 ROUGE 在会议论文中使用情况的综述：Sebastian Gehrmann、Elizabeth Clark 和 Thibault Sellam 所著的"Repairing the Cracked Foundation: A Survey of Obstacles in Evaluation Practices for Generated Text"（2022）。
- BERTScore，一种基于大模型的评测指标：Tianyi Zhang 等人所著的"BERTScore: Evaluating Text Generation with BERT"（2019）。
- 关于大模型评测指标的综述：Asli Celikyilmaz、Elizabeth Clark 和 Jianfeng Gao 所著的"Evaluation of Text Generation: A Survey"（2021）。
- METEOR 是一种机器翻译评测指标，它通过采用高级匹配技术在 BLEU 的基础上进行了改进，并在句子级别追求与人工判断更高的一致性：Satanjeev Banerjee 和 Alon Lavie 所著的"METEOR: An Automatic Metric for MT Evaluation with Improved Correlation with Human Judgments"（2005）。
- COMET 是一种神经网络框架，它通过运用跨语言预训练模型和多种类型的评测，为将机器翻译的质量与人工判断相联系设定了新的标准：Ricardo Rei 等人所著的"COMET: A Neural Framework for MT Evaluation"（2020）。
- 关于 InstructGPT 的论文：Long Ouyang 等人所著的"Training Language Models to Follow Instructions with Human Feedback"（2022）。

19

第四部分

生产与部署

第 20 章

无状态训练与有状态训练

以生产①和部署系统为讨论前提，无状态与有状态的训练工作流之间有何区别？

无状态训练和有状态训练指的是生产模型训练的不同方式。

20.1 无状态（重）训练

在无状态训练中，更为传统的做法是先在原始训练集上训练初始模型，然后每当有新数据到来时便重新训练模型。因此，无状态训练通常也被称为无状态**重训练**。

如图 20-1 所示，我们可以将无状态重训练理解为一种滑动窗口机制，在这种机制下，我们用给定数据流中数据的不同部分重新训练初始模型。

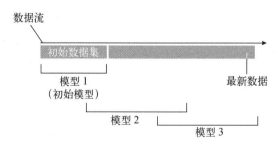

图 20-1　无状态训练周期性地替换模型

---

① 此处"生产"指的应是"用于生产环境的系统"，本章下同。

例如,为了将图 20-1 中的初始模型(模型 1)更新为新的模型(模型 2),我们在给定时间点用 30% 的初始数据和 70% 的新数据训练模型。

无状态重训练是一种直接的方法,它允许我们在用户自定义的检查点范围内从零开始重新训练模型,让模型适配数据和特征目标关系的最新变化。这种方法在传统机器学习系统中很普遍,这类系统无法作为迁移学习或自监督学习工作流的一部分进行微调(参见第 2 章)。例如,基于树的模型的标准实现,像随机森林和梯度提升(XGBoost、CatBoost 和 LightGBM),都属于这一范畴。

20.2 有状态训练

在有状态训练中,我们先在初始批次的数据上训练模型,之后当新数据到来时,我们会周期性地更新模型(而不是重新训练)。

如图 20-2 所示,我们不会从零开始重新训练初始模型(模型 1.0);相反,我们会在新数据到达时对其进行更新或微调。这种方法对于兼容迁移学习或自监督学习的模型尤其有吸引力。

图 20-2　有状态训练周期性地更新模型

有状态训练模仿了迁移学习或自监督学习的流程,在这些流程中,我们会采用预训练模型进行微调。然而,有状态训练与迁移学习和自监督学习有本质的不同,因为它的目的是更新模型使之能应对概念、特征和标签的偏移。相比之下,迁移学习和自监督学习是为了让模型能用于不同的分类任务。例如,在迁移学习中,目标标签通常会发生变化。而在自监督学习中,我们从数据集的特征中获取目标标签。

有状态训练的一个显著优点是,我们无须为了重新训练而存储数据;相反,我们可以立即使用新到的数据来更新模型。当因隐私问题或资源限制而对数据存储有所顾虑时,这一点就很有吸引力了。

20.3 练习

20-1. 假设我们使用随机森林模型训练一个股票交易推荐分类器,特征中包括股票价格的涨跌平均值。由于每天都有新的股市数据到来,我们正在考虑如何每天更新分类器以保持其时效性。我们应该采用无状态训练还是无状态重训练来更新分类器?

20-2. 假设我们部署了一个可以回答用户查询问题的大模型（Transformer），如 ChatGPT。对话界面中包含了点赞按钮和点踩按钮，以便用户根据生成的回复直接给出反馈。在收集用户反馈的过程中，我们并不会在新反馈到来时立即更新模型。但是，我们计划每月至少发布一次新版本或更新后的模型。对于这个模型，我们应该采用无状态还是有状态的重训练方式？

第 21 章

以数据为中心的人工智能

什么是以数据为中心的人工智能？它与传统的模型构建方法有何不同？我们如何判断它是否适合某个项目？

　　以数据为中心的人工智能是一种模式，或者说运作流程，在这种模式下，我们保持模型的训练流程不变，通过迭代数据集来提高模型的预测性能。接下来的内容更详细地定义了什么是以数据为中心的人工智能，并将其与传统的以模型为中心的人工智能进行了比较。

21.1　以数据为中心的人工智能与以模型为中心的人工智能

　　说到以数据为中心的人工智能，我们可以将传统的运作流程视作以模型为中心的人工智能，这经常是学术研究发表的内容。然而在学术研究背景下，我们通常对研发新的方法更感兴趣（例如神经网络架构或损失函数）。这里，我们会利用现有的基准数据集，将新方法与以前的方法进行比较，确定新方法是否有所改进。

　　图 21-1 总结了以数据为中心的流程和以模型为中心的流程的不同之处。

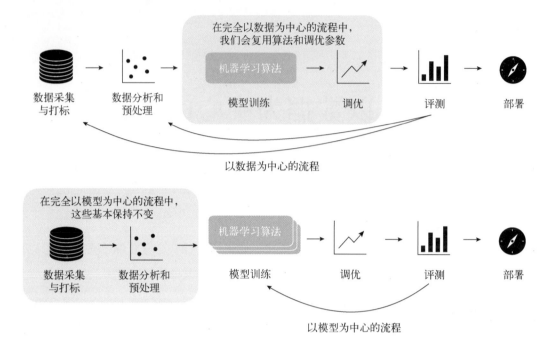

图 21-1   以数据为中心和以模型为中心的机器学习流程

尽管**以数据为中心的人工智能**是一个相对新颖的概念，但它背后的思想并不是。与我交流过的许多人都说，在这个词出现之前，他们在项目中就已经使用了以数据为中心的方法。在我看来，创造以数据为中心的人工智能，目的是重新点燃"关注数据质量"的热情，因为数据采集和管理常被认为是乏味且费力的。这与 21 世纪初期"深度学习"一词让神经网络重获关注类似。

我们需要在以数据为中心的人工智能与以模型为中心的人工智能之间做出选择，还是可以两者并用？简而言之，以数据为中心的人工智能专注于通过改变数据来提升模型性能，而以模型为中心的方法侧重于修改模型以提高性能。若要达到最佳预测效果，理想情况下应结合运用这两种方法。然而，在科研中或是在实践性项目的探索阶段，同时处理过多变量会显得杂乱无章。倘若同时改动模型和数据，会很难确定是哪一变动提升了模型性能。

需要强调的是，以数据为中心的人工智能只是一种模式或运作流程，并非特指某项技术。因此，以数据为中心的人工智能还隐含了如下内容：

❑ 分析和调整训练数据，包括异常值剔除和缺失数据填补
❑ 数据合成和数据增强技术
❑ 数据打标和标签清理方法
❑ 经典的主动学习场景，即模型会指出哪些数据点应该打标

如果我们只是（使用以上列出的方法）修改数据，而不修改模型构建流程的其他环节，那么

我们认为此方法就是**以数据为中心**的。

在机器学习和人工智能领域，我们常说"垃圾输入，垃圾输出"，意思是说低质量的数据会导致得到一个糟糕的预测模型。换句话说，我们不能指望通过低质量的数据集得到性能良好的模型。

在我观察的许多尝试以机器学习替代现有方法的实践性学术项目中，存在一种普遍现象。研究人员往往只拥有少量样本数据（比如，仅有数百个训练样本）。数据打标通常要么成本很高，要么很乏味，因此人们都倾向于避免这项工作。在这样的情况下，研究者们会花费大量不合理的时间去尝试不同的机器学习算法和模型调优。要解决这一问题，投入更多时间或资源来打标更多数据是值得的。

以数据为中心的人工智能的主要优势是将数据放在首位，这意味着如果我们投入资源创建更高质量的数据集，所有后续的模型构建都将从中受益。

21.2 建议

在致力于解决特定问题并希望提升模型预测性能的实践性项目中，采用以数据为中心的方法通常是明智之举。在这样的背景下，从一个基线模型开始并持续优化数据集是很有意义的，因为这样通常比尝试更大、更贵的模型更划算。

若我们的目标是开发新的或更好的方法论，例如新型神经网络架构或损失函数，那么以模型为中心的方法可能是更好的选择。利用未经改动的现有基准数据集，可以方便地将新的模型构建方法与以前的工作进行比较。增大模型规模通常能提高模型性能，但添加训练样本同样有效。假设分类任务、提取式问答任务和多项选择任务的训练集较小（<2000 例），增加 100 个样本所获得的性能提升，可能等同于增加数十亿个参数的效果。

在实际项目中，交替采用以数据为中心的模式和以模型为中心的模式是很有道理的。早期投资于提高数据质量将惠及所有模型。一旦有了良好的数据集，我们就可以开始专注于模型调优，以进一步提升性能。

21.3 练习

21-1. 近期，预测分析在医疗健康领域的应用日益增多。例如，假设一家医疗服务提供商开发了一套人工智能系统，该系统分析患者的电子健康档案，并提供关于生活方式调整或预防措施的建议。为此，提供商要求患者每天监测和共享他们的健康数据（如脉搏和血压）。这是一个以数据为中心的人工智能的例子吗？

21-2. 假设我们训练 ResNet-34 卷积神经网络来分类 CIFAR-10 和 ImageNet 数据集中的图像。为了减少过拟合和提高分类准确度,我们尝试了数据增强技术,比如图像旋转和裁剪。这种做法是否属于以数据为中心的方法?

21.4　参考文献

- 增加更多训练数据比增大模型规模更有利于提升模型性能的案例:Yuval Kirstain 等人所著的 "A Few More Examples May Be Worth Billions of Parameters" (2021)。
- Cleanlab 是一个开源库,它包含了在计算机视觉和自然语言处理场景下改善标签错误与提升数据质量的方法。

第 22 章

加速推理

在不改变模型结构或牺牲准确性的前提下，有哪些技术可以通过优化加速模型推理？

在机器学习和人工智能领域，**模型推理**是指使用已经训练好的模型来进行预测或者生成输出。提升模型在推理阶段性能的通用技术主要包括并行化、向量化、循环分块、算子融合以及量化，以下各节将详细讨论这些技术。

22.1　并行化

在推理过程中，实现更好的并行性的常见方法，是将模型应用于一批样本，而不是一次只处理一个样本。这有时也被称为**批量推理**，它假设我们同时或在短时间内接收到多个输入样本或用户输入，如图 22-1 所示。

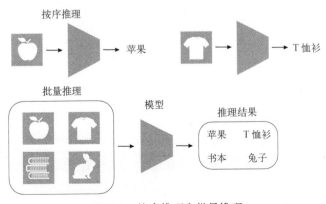

图 22-1　按序推理和批量推理

图 22-1 展示了一次只处理一项的按序推理，如果有多个样本等待分类，就会产生瓶颈。而在批量推理中，模型可以同时处理所有四个样本。

22.2 向量化

向量化是指在单个步骤中对整个数据结构[如数组（张量）或矩阵]进行操作，而不是使用像 for 循环这样的迭代结构。通过向量化，采用大多数现代 CPU 上的单指令多数据（SIMD）处理方式，同时执行循环中的多个操作。

这种方法利用了许多计算系统中的底层优化，通常能带来显著的加速效果。例如，它可能依赖于 BLAS。

BLAS（Basic Linear Algebra Subprograms，基础线性代数子程序库）是一种规范，规定了一组用于执行常见线性代数操作（如向量加法、标量乘法、点积、矩阵乘法等）的底层例程。许多数组和深度学习库（如 NumPy 和 PyTorch）在内部都会用到 BLAS。

为了用一个例子来说明向量化，现假设我们想计算两个向量之间的点积。非向量化的方式会是使用一个 for 循环，逐个遍历数组中的元素。但这种方式可能相当慢，特别是对于大型数组而言。而使用向量化，你可以一次性对整个数组执行点积计算，如图 22-2 所示。

经典的 for
循环方式
```
x = [1.2, 2.2, 3.3, 4.4]
w = [5.5, 6.6, 7.7, 8.8]

output = 0.

for x_j, w_j in zip(x, w):
    output += x_j * w_j

print(output)
```
85.25

向量化实现
```
import torch

x = torch.tensor([1.2, 2.2, 3.3, 4.4])
w = torch.tensor([5.5, 6.6, 7.7, 8.8])

x.dot(w)
```
tensor(85.2500)

图 22-2 Python 中经典的 for 循环与向量化点积计算

在线性代数或深度学习框架（如 TensorFlow 和 PyTorch）中，向量化通常是自动完成的。这是因为这些框架就是为处理多维数组（也称为**张量**）而设计的，并且它们的操作本质上就是向量化的。这意味着当你使用这些框架执行函数时，你自动地利用了向量化的能力，从而实现了更快、更高效的计算。

22.3　循环分块

循环分块（也称为**循环嵌套优化**）是一种高级优化技术，通过将循环的迭代空间分解为更小的部分或"小块"来增强数据局部性。这确保了一旦数据加载到缓存中，在缓存被清空之前，会尽可能地对数据执行所有相关计算。

图 22-3 展示了访问二维数组元素时循环分块的概念。在常规 for 循环中，我们一次迭代一行一列的一个元素，而在循环分块中，我们将数组分割成更小的块状区域。

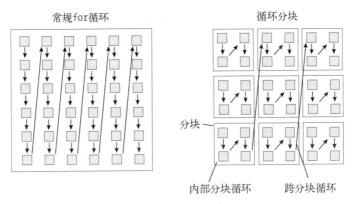

图 22-3　二维数组中的循环分块

需要注意的是，在如 Python 这样的语言中，我们通常不会执行循环分块，因为 Python 和其他许多高级语言不像 C 和 C++这样的低级语言那样允许直接控制缓存内存。在大型数组上执行操作时，这类优化通常由 NumPy 和 PyTorch 等底层库处理。

22.4　算子融合

算子融合，有时也称为**循环融合**，是一种将多个循环合并为单个循环的优化技术。如图 22-4 所示，这里将原本分别计算一组数字的总和和乘积的两个独立循环融合成了一个单一的循环。

算子融合可以通过以下方式提升模型的性能：减少循环控制的开销，提高缓存性能以减少内存访问时间，以及向量化实现进一步的优化。

你可能会认为向量化的操作与循环分块并不兼容，因为在循环分块中我们会将一个 for 循环分解成多个循环。然而，这些技术实际上是互补的，它们用于不同的优化目的，并适用于不同的情景。算子融合旨在减少总的循环迭代次数，并在数据完全装入缓存时改善数据局部性。而循环分块则是在处理不能完全装入缓存的较大规模的多维数组时，用于提升缓存的利用率。

```
numbers = [1, 2, 3, 4, 5]

# First loop to calculate the sum
total_sum = 0
for num in numbers:
    total_sum += num

# Second loop to calculate the product
product = 1
for num in numbers:
    product *= num

print("Sum:", total_sum)
print("Product:", product)
```

总和：15
乘积：120

```
numbers = [1, 2, 3, 4, 5]

# Single loop to calculate both
# the sum AND the product
total_sum = 0
product = 1
for num in numbers:
    total_sum += num
    product *= num

print("Sum:", total_sum)
print("Product:", product)
```

总和：15
乘积：120

图 22-4　将两个 for 循环（左）融合为一个循环（右）

　　与算子融合相关的概念是**重新参数化**，这一概念常常也可以用来将多个操作简化为单一操作。常见示例包括训练具有多分支架构的网络，然后在推理时将其重新参数化为单流架构。这种重新参数化方法不同于传统的算子融合，它不是将多个操作合并为单一操作，而是重新调整网络中的计算，创建出更适合推理的高效架构。例如，在所谓的 RepVGG 架构中，训练期间的每个分支都由一系列卷积组成。一旦训练完成，模型就会被重新参数化为单序列的卷积。

22.5　量化

　　量化降低了机器学习模型的计算和存储需求，尤其是深度神经网络。该技术用于将训练好的神经网络中用来实现权重和偏置的浮点数（从技术角度来说是离散的，但在特定范围内代表连续值）转换为离散、低精度的表征，比如整数。使用更低的精度可以减小模型的大小，并加快执行速度，这在推理过程中可以显著提升速度和硬件效率。

　　在深度学习领域，将训练好的模型量化为 8 位和 4 位整型是越来越常见的做法。这些技术在大模型的部署中尤其普遍。

　　量化主要有两类。在**训练后量化**中，模型首先使用全精度权重正常训练，在训练完成后再进行量化。**量化感知训练**则在训练过程中引入量化步骤。这使得模型能够学习到补偿量化影响的能力，有助于保持模型的准确性。

　　然而，需要注意的是，量化有时会导致模型准确性降低。由于本章侧重于介绍在不牺牲准确性的情况下加速模型推理的技术，因此相比于前几类技术，量化可能不是本章最贴切的主题。

注意　其他提升推理速度的技术包括知识蒸馏和剪枝，这些在第 6 章中讨论过。但是，这些技术会影响模型的架构，导致模型变得更小，因此它们超出了本章的讨论范围。

22.6 练习

22-1. 第 7 章介绍了几种使用多 GPU 来加速模型训练的方法。理论上，使用多个 GPU 也能加速模型推理。然而，在现实中，这种方法往往并非最高效或最实用的选择。为什么呢？

22-2. 向量化和循环分块是优化与访问数组元素相关的操作的两种策略。那么这二者分别在哪种情况下是最理想的策略呢？

22.7 参考文献

- ❑ BLAS 官方网站。
- ❑ 提出循环分块的论文：Michael Wolfe 所著的 "More Iteration Space Tiling"（1989）。
- ❑ RepVGG CNN 架构在推理模式下的合并操作：Xiaohan Ding 等人所著的 "RepVGG: Making VGG-style ConvNets Great Again"（2021）。
- ❑ 一种将大模型中的权重量化到 8 位整型表征的新方法：Tim Dettmers 等人所著的 "LLM.int8(): 8-bit Matrix Multiplication for Transformers at Scale"（2022）。
- ❑ 一种将大模型中的权重量化到 4 位整型表征的新方法：Elias Frantar 等人所著的 "GPTQ: Accurate Post-Training Quantization for Generative Pre-trained Transformers"（2022）。

22

第 23 章
数据分布偏移

在模型部署后，我们可能会碰到的数据分布偏移主要有哪些类型？

在将机器学习和人工智能模型投入生产后，**数据分布偏移**是最常见的问题之一。简而言之，它指的是训练模型所用数据的分布与模型在现实世界中遇到的数据的分布之间的差异。通常，这些差异会导致模型性能大幅下降，因为模型的预测将不再准确。

数据分布偏移有几种类型，其中一些更容易造成问题。最常见的数据分布偏移是协变量偏移、标签偏移、概念偏移和领域偏移，所有这些都将在接下来的几节中详细讨论。

23.1 协变量偏移

假设 $p(x)$ 描述了输入数据（例如特征）的分布，$p(y)$ 指的是目标变量的分布（或分类标签的分布），而 $p(y|x)$ 是在给定输入 x 的情况下目标 y 的分布。

当输入数据的分布 $p(x)$ 发生变化，但给定输入下的输出的条件分布 $p(y|x)$ 保持不变时，就会发生**协变量偏移**。

图 23-1 展示了协变量偏移的情况，其中训练数据的特征值和生产过程中遇到的新数据都遵循正态分布。然而，新数据的平均值与训练数据有所不同。

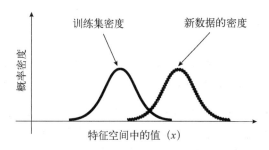

图 23-1 训练数据的分布和新数据的分布在协变量偏移下有所不同

例如，假设我们训练了一个模型，让它根据特定特征来预测一封邮件是否是垃圾邮件。当我们将这个邮件垃圾过滤器嵌入到邮件客户端后，用户接收到的邮件在特征上发生了巨大变化。比如，邮件变长了很多，而且发件人来自不同的时区。然而，如果这些特征与邮件是否为垃圾邮件的关联没有改变，那么这就构成了协变量偏移。

在部署机器学习模型时，协变量偏移是一个非常常见的挑战。它意味着模型在实际运行的环境或生产环境中接收的数据，与训练时所用的数据不同。然而，由于在协变量偏移下输入与输出之间的关系 $p(y|x)$ 保持不变，因此可以用一些技术来优化。

检测协变量偏移的一种常见技术是**对抗性验证**，这在第 29 章中有更详细的介绍。一旦检测到协变量偏移，一种常用的处理方法是**重要性加权**，该方法为训练样本分配不同的权重，在训练过程中强调或弱化某些实例。基本上，更有可能出现在测试分布中的样本会被赋予更大的权重，而不太可能出现的样本会被赋予较小的权重。这种方法能让模型在训练过程中更多地关注代表测试数据的实例，从而使模型对协变量偏移具有更强的稳健性。

23.2 标签偏移

标签偏移，有时也称**先验概率偏移**，发生在分类标签分布 $p(y)$ 发生变化而条件类别分布 $p(y|x)$ 保持不变的情况下。换句话说，标签分布或目标变量出现了显著的变化。

作为这种场景的一个示例，假设我们在一个均衡的训练数据集上训练了一个垃圾邮件分类器，该数据集中 50% 是垃圾邮件，50% 是非垃圾邮件。相比之下，在现实世界中，只有 10% 的电子邮件是垃圾邮件。

解决标签偏移问题的一种常见方法是使用加权损失函数更新模型，特别是在知道新的标签分布的情况下。这本质上是重要性加权的一种形式。通过根据新的标签分布调整损失函数中的权重，我们鼓励模型更加关注那些在新数据中变得更加常见（或不太常见）的类别。这有助于将模型的预测与当前实际情况对齐，从而提高模型在新数据上的表现。

23.3   概念偏移

概念偏移指的是输入特征与目标变量之间映射关系的变化。换句话说,概念偏移通常与条件分布 $p(y|x)$ 中的变化相关,例如输入 x 和输出 y 之间的关系。

以前一节中提到的垃圾邮件分类器为例,电子邮件的特征可能保持不变,但是这些特征与邮件是否为垃圾邮件之间的关联可能会发生变化。这可能是由于出现了训练数据中不存在的新的垃圾邮件策略。与迄今为止讨论的其他分布偏移相比,概念偏移可能更难处理,因为它需要持续的监控,有可能还需要进行模型重训练。

23.4   领域偏移

在文献中,**领域偏移**和**概念偏移**这两个术语的使用有些不一致,有时两者被视为可以互换。实际上,两者虽有关联但稍有不同。概念偏移指的是将输入映射到输出的函数的变化,特别是随着时间的推移收集到更多数据,特征与目标变量之间的关系会发生变化的情况。

在领域偏移中,输入的分布 $p(x)$ 和给定输入下的输出的条件分布 $p(y|x)$ 都会改变。由于联合分布 $p(x 和 y) = p(y|x) \cdot p(x)$,有时这也称为**联合分布偏移**。因此,我们可以将领域偏移视为协变量偏移和概念偏移的综合。

此外,由于我们可以通过对联合分布 $p(x, y)$ 关于变量 x 积分来获得边缘分布 $p(y)$(数学表达式为 $p(y) = \int p(x, y) \, dx$),因此协变量偏移和概念偏移也意味着标签偏移。(然而,可能存在例外情况,如果 $p(x)$ 的变化补偿了 $p(y|x)$ 的变化,则 $p(y)$ 可能不会变化。)反过来也是,标签偏移和概念偏移通常也意味着协变量偏移。

再次回到垃圾邮件分类的例子,领域偏移意味着特征(电子邮件的内容和结构)以及特征和目标之间的关系都会随着时间而变化。例如,2023 年的垃圾邮件可能具有不同的特征(新型的网络钓鱼手段、新的语言风格等),垃圾邮件的定义也可能发生了变化。对于使用 2020 年数据训练的垃圾邮件过滤器而言,这种类型的偏移将是最大的挑战,因为它必须根据输入数据和目标概念的变化进行调整。

领域偏移可能是最难处理的偏移类型,但通过监控模型性能和数据统计随时间的变化可以帮助早些检测到领域偏移。一旦检测到领域偏移,缓解策略可以是从目标领域收集更多的有标签数据,并重新训练或调整模型。

23.5 数据分布偏移的类型

图 23-2 概述了一个二元分类问题中不同类型的数据偏移,其中黑色圆圈指代一个分类的样本,而菱形指代另一个分类的样本。

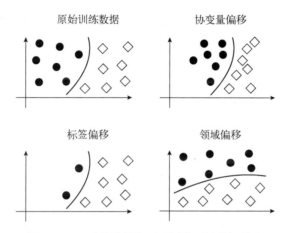

图 23-2 二元分类情境下不同类型的数据偏移

如前几节所述,某些类型的分布偏移比其他类型的更易造成问题。其中最不成问题的就是协变量偏移。在这种情况下,输入特征的分布 $p(x)$ 在训练数据和测试数据之间发生了变化,但是给定输入下的输出的条件分布 $p(y|x)$ 保持恒定。由于输入和输出之间的基本关系保持不变,原则上,在训练数据上训练的模型仍然可以应用于测试数据和新数据。

问题最大的分布偏移类型通常是联合分布偏移,其中输入分布 $p(x)$ 和条件输出分布 $p(y|x)$ 都发生了变化。这使得模型特别难调整,因为从训练数据中学到的关系可能不再适用。模型必须应对新的输入模式和新规则,并基于这些模式进行预测。

然而,偏移的"严重性"可能会因现实世界的环境而大不相同。例如,如果偏移很严重,或者模型不能适应新的输入分布,那么即使是协变量偏移,也可能非常棘手。另外,如果偏移相对较小,或者如果我们可以得到新分布下足够多的有标签数据来重新训练模型,则联合分布偏移可能是可控的。

总的来说,监控模型的性能并留意数据分布中潜在的变化是至关重要的,这样我们才能在必要时采取适当的行动。

23.6　练习

23-1. 重要性加权作为一项缓解协变量偏移的技术，它最大的问题是什么？

23-2. 在现实场景中，我们如何能检测到这些类型的偏移呢，特别是在无法获取新数据的标签时？

23.7　参考文献

❑ 针对避免领域偏移问题的高级策略的建议与指导：Abolfazl Farahani 等人所著的 "A Brief Review of Domain Adaptation"（2020）。

第五部分

预测性能与模型评测

第 24 章

泊松回归与序回归

什么情况下使用泊松回归更好？什么情况下使用序回归更好？

我们通常在目标变量代表计数数据（正整数）时使用泊松回归。举个计数数据的例子，比如飞机上患感冒的人数，或者特定日期某餐馆的客人数量。除了目标变量表示计数数据外，数据还应该呈泊松分布，这意味着平均值和方差大致相同。（对于较大的平均值，我们可以使用正态分布来近似泊松分布。）

序数数据是分类数据的一个子类，其中的类别具有自然顺序，例如 1<2<3，如图 24-1 所示。序数数据通常表示为正整数，并且可能看起来类似于计数数据。例如亚马逊网站上的星级评价（1 星、2 星、3 星等）。然而，序回归并没有对有序分类之间的间距做出任何假设。以下列对疾病严重程度的度量为例：严重>中度>轻度>无。虽然我们通常会将疾病严重程度变量映射为整数表示（4>3>2>1），但并没有假定 4 和 3（严重和中度）之间的距离与 2 和 1（轻度和无）之间的间距相同。

间距相等的计数数据　　　　　　　任意间距的序数数据

图 24-1　有序分类的间距是任意的

简而言之，当数据是计数类型时，我们使用泊松回归。当知道某些结果比其他结果"高"或"低"，但不确定它有多重要，甚至不确定它是否重要时，我们使用序回归。

练习

24-1. 假设我们想预测一名足球运动员在特定赛季的进球数，应该用序回归还是泊松回归来解决这个问题？

24-2. 假设我们让某人根据他的喜好对他观看的三部电影进行排序，暂且不提这个数据集对于机器学习来说是否太小，哪种方法最适合这种数据？

24

第25章

置信区间

构建机器学习分类器的置信区间，有哪些方法？

针对机器学习模型构建置信区间有多种方法，具体选择哪种取决于模型类型及数据特性。例如，某些方法在处理深度神经网络时计算成本较高，因此更适用于资源消耗较低的机器学习模型。有些方法为了确保可靠性，需要较大的数据集作为支撑。

以下是构建置信区间最常见的一些方法：

❑ 基于测试集构建正态近似区间
❑ 对训练集使用自助法抽样
❑ 对测试集预测结果使用自助法抽样
❑ 通过使用不同随机种子重新训练模型得到置信区间

在深入探讨这些方法之前，我们先简要回顾一下置信区间的定义及其解释。

25.1　定义置信区间

置信区间是一种估计未知总体参数的方法。**总体参数**是统计总体的某一特定度量，比如平均数（均值）或比例。当提到"特定"度量时，意味着该参数对于整个总体而言有一个单一且确切的数值。尽管该值可能是未知的，且一般需要从样本中估计，但它仍是总体的一个固定且确定的特征。反过来讲，**统计总体**是我们研究的所有项目或个体的完整集合。

在机器学习领域，总体可以理解为模型可能遇到的所有实例或数据点的集合，通常我们最感兴趣的参数是模型在总体上的真实泛化准确率。

我们在测试集上测试出的准确度,也是预估真实的泛化准确度。然而,由于我们使用的是测试实例的特定样本,这个结果会受到随机误差的影响。此时就需要置信区间这一概念了。一个 95% 的泛化准确度置信区间为我们提供了一个范围,我们有理由相信真实的泛化准确度在该范围内。

例如,如果我们取 100 个不同的数据样本,并按 95% 的置信区间为每个样本做计算,那么 100 个置信区间中大约有 95 个将包含真实的总体值(例如泛化准确度),如图 25-1 所示。

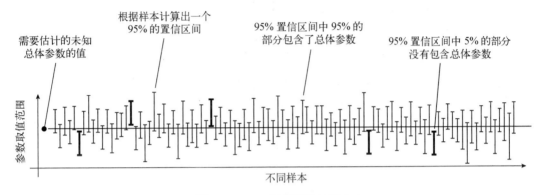

图 25-1 95% 置信区间的概念

更具体地说,假如我们从总体中抽取 100 个不同的具有代表性的测试集(比如,模型可能遇到的所有实例的完整集合),并根据每个测试集计算泛化准确率的 95% 置信区间,我们期望大约有 95 个这样的区间能够包含真实的泛化准确率。

我们可以用几种方式来展示置信区间。一种常见做法是使用条形图表示,其中条形的顶部代表参数值(例如,模型准确性),而条形两端的细线表示置信区间的上下界(如图 25-2 左图所示)。另外,也可以不使用条形,直接展示置信区间,如图 25-2 右图所示。

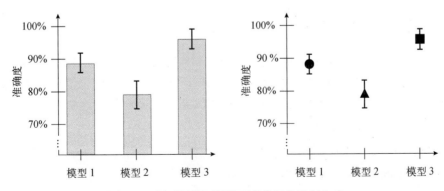

图 25-2 展示置信区间的两种常见的绘制方式

这种可视化方法在许多方面都很有用。例如，当两个模型性能的置信区间不重叠时，这直观地表明了两者的性能有显著差异。以统计显著性检验，如 t 检验为例，如果两个 95% 的置信区间没有交集，则强烈表明两项测量值之间的差异在 0.05 的显著性水平下具有统计学意义。

然而，如果两个 95% 的置信区间有重叠，我们并不能断定这两项测量之间没有显著差异。即使置信区间重叠，两者之间仍可能存在统计学上的显著差异。

或者，为了更详细地说明准确的量化信息，我们可以使用表格形式来表示置信区间。两种常见的表示方法总结在表 25-1 中。

表 25-1　置信区间

模　　型	数据集 A	数据集 B	数据集 C
1	89.1% ± 1.7%	. . .	. . .
2	79.5% ± 2.2%	. . .	. . .
3	95.2% ± 1.6%	. . .	. . .
模　　型	数据集 A	数据集 B	数据集 C
1	89.1% (87.4%, 90.8%)	. . .	. . .
2	79.5% (77.3%, 81.7%)	. . .	. . .
3	95.2% (93.6%, 96.8%)	. . .	. . .

如果置信区间是**对称**的，即上下端点与估计参数的距离相等，则通常更倾向于使用±表示法。或者，也可以显式地写出上下置信区间。

25.2　方法

以下介绍了构造置信区间的四种最常见的方法。

25.2.1　方法 1：正态近似区间

正态近似区间通过一次训练集–测试集的划分来构建置信区间。它通常被认为是计算置信区间的最简单和最传统的方法。这种方法在深度学习领域特别具有吸引力，因为训练模型的计算成本很高。当我们想评估一个特定模型的表现，而非像 k 折交叉验证那样基于不同数据划分训练的多个模型时，这种方法也非常理想。

它是如何运作的呢？简而言之，假设数据呈正态分布，用于计算预测参数（例如，样本均值表示为 $\bar{x}$ ）的置信区间的公式就表示为 $\bar{x} \pm z \times \mathrm{SE}$。

该公式中，z 表示 z 分数，它表明在标准正态分布中某一特定值与均值之间的标准差值。SE 代表预测参数（此处为样本均值）的标准误差。

注意 大多数读者可能对附在统计学入门教科书后面的 z 分数更熟悉。然而，得到 z 分数更方便和更可取的方法是使用函数，如 SciPy 的 stats.norm.ppf 函数，该函数能根据给定的置信水平计算 z 分数。

对于我们的场景，样本均值（表示为 $\bar{x}$）对应于测试集准确度 ACC_{test}，这是在二项分布置信区间下衡量预测成功率的指标。

标准误差可以通过正态近似按如下方式计算：

$$SE = \sqrt{\frac{1}{n} ACC_{test} \left(1 - ACC_{test}\right)}$$

在这个公式中，n 表示测试集的大小。将标准误差代回之前的公式中，我们得到以下结果：

$$ACC_{test} \pm z \sqrt{\frac{1}{n} ACC_{test} \left(1 - ACC_{test}\right)}$$

此方法的更多代码示例可在本书代码仓库的 supplementary/q25_confidence-intervals 子文件夹中找到。

尽管正态近似区间法因简单而广受欢迎，但它也有一些缺点。首先，正态近似并不总是准确，特别是对于小样本或非正态分布的数据而言。在这种情况下，其他计算置信区间的办法可能更为精确。其次，仅采用一次训练集-测试集划分无法提供模型在不同数据划分下的可变性信息。如果模型性能高度依赖于特定的拆分方式，这可能就是一个问题，特别是当数据集较小或数据变动性较大时，这种情况将尤为突出。

25.2.2 方法 2：使用自助法构建训练集

置信区间是一种用于近似未知参数的工具。然而，当受限于单一估计量时，比如仅从一个测试集中得出准确度，我们就必须做出某些假设以使其可行。例如，当我们使用上一节中介绍的正态近似区间时，就假设了数据呈正态分布，而这可能成立，也可能不成立。

理想情况下，我们希望对测试集样本的分布有更深入的了解。然而，这将需要遍历许多独立的测试集，这通常是不可行的。另一种解决方法是自助法，通过重抽现有数据来估计抽样分布。

25

注意 实际上，根据中心极限定理，当测试集足够大时，正态分布近似成立。中心极限定理指出，无论单个变量的原始分布如何，大量独立、同分布随机变量的和（或平均值）将趋近于正态分布。如何确定测试集"足够大"是较为困难的。然而，在比中心极限定理更强的假设下，我们至少可以利用 Berry-Esseen 定理来估计向正态分布收敛的速度，该定理提供了中心极限定理收敛速度更量化的估计。

在机器学习的场景中，我们可以使用原始数据集，并采用**有放回**的方式抽取随机样本。如果数据集的大小为 n，并且我们以有放回的方式随机抽取 n 个样本，这意味着在新样本中某些数据点可能会被重复抽到，而其他数据点可能完全未被抽中。然后，我们可以多次重复这个过程，以得到多组训练集和测试集。该过程称为**袋外自助抽样法**，如图 25-3 所示。

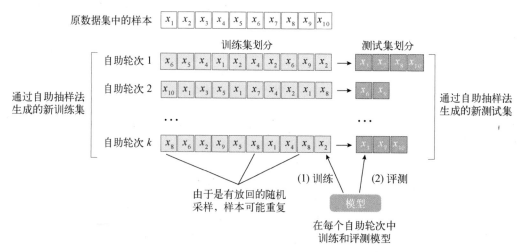

图 25-3　袋外自助抽样法通过重新采样训练集来评测模型

假设我们构造了 k 个训练集和测试集，现在可以用它们来分别训练和评测模型，从而获得 k 个测试集准确度估计值。基于这些测试集准确度的分布，我们可以取第 2.5 百分位和第 97.5 百分位之间的范围，以获得 95% 的置信区间，如图 25-4 所示。

与常规的正态近似区间方法不同，这种基于袋外自助抽样法的方法对具体的分布更加不敏感。理想情况下，如果满足正态近似的前提条件，两种方法应得出相同的结果。

由于自助抽样法依赖于对现有测试数据进行重采样，其缺点是不会引入在更广泛的群体或未见数据中可能存在的任何新信息。因此，它可能并不总是能够将模型能力泛化到新的、未知的数据上。

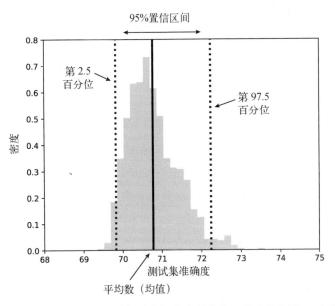

图 25-4　从 1000 次自助抽样中得到的测试集准确度分布，其中包含了 95% 的置信区间

　　请注意，由于自助抽样法的理论基础是前面讨论过的中心极限定理，因此我们在本章中使用自助抽样法，而不是通过 k 折交叉验证来获得训练集-测试集划分。此外，还有更高级的袋外自助抽样法，如 0.632 和 0.632+ 估计法，这些方法会重新调整准确度估计的权重。

25.2.3　方法 3：使用自助抽样法构建测试集预测结果

　　自助抽样法构建训练集的另一种替代方案是自助抽样测试集，其思想是像往常一样在现有训练集上训练模型，然后在由自助抽样法生成的多个测试集上评测该模型，如图 25-5 所示。在获得这些测试集上的性能评估指标后，我们可以接着采用上一节描述的百分位方法。

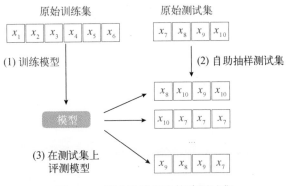

图 25-5　用自助抽样法构建测试集

与先前的自助抽样法不同，此方法采用已训练好的模型，并仅简单地对测试集（而不是训练集）重新采样。这种方法对于评测深度神经网络特别有吸引力，因为它不需要在新的数据划分上重新训练模型。然而，这种方法的一个缺点是，它不能评测模型在训练数据发生微小变化时的敏感性。

25.2.4   方法 4：使用不同的随机种子重新训练模型

在深度学习中，通常使用各种随机种子来重新训练模型，因为某些随机初始化的权重可能会训练出表现更好的模型。如何根据这些实验构建置信区间呢？如果我们假设样本均值遵循正态分布，就可以采用先前讨论过的方法，即计算样本均值（记作 $\bar{x}$）周围的置信区间，其计算方式如下：

$$\bar{x} \pm z \times \mathrm{SE}$$

由于在这种情况下我们处理的样本数量通常相对有限（例如，基于 5 到 10 个随机种子的模型），因此假设 t 分布比假设正态分布更合适。于是，在前面的公式中，我们将 z 值替换为 t 值。（随着样本量的增加，t 分布会更像标准正态分布，临界值 z 和 t 也会变得越来越相近。）

此外，如果对表示为 $\overline{\mathrm{ACC}}_{\mathrm{test}}$ 的平均准确度更为关注，那么我们将针对每个唯一的随机种子 j 得到的 $\mathrm{ACC}_{\mathrm{test},j}$ 视为一个样本。我们评估的随机种子总数就构成了样本大小 n。因此，我们会计算：

$$\mathrm{ACC}_{\mathrm{test}} \pm t \times \mathrm{SE}$$

这里，SE 表示标准误差，它是通过公式 $\mathrm{SE} = \mathrm{SD}/\sqrt{n}$ 计算得出的，而

$$\overline{\mathrm{ACC}}_{\mathrm{test}} = \frac{1}{r}\sum_{j=1}^{r}\mathrm{ACC}_{\mathrm{test},j}$$

是我们根据 r 个随机种子计算出的平均准确度。标准偏差（SD）计算如下：

$$\mathrm{SD} = \sqrt{\frac{\sum_{j}\left(\mathrm{ACC}_{\mathrm{test},j} - \overline{\mathrm{ACC}}_{\mathrm{test}}\right)^2}{r-1}}$$

总的来说，使用不同的随机种子计算置信区间是另一种有效的替代方法。然而，它主要对深度学习模型有帮助。相对于正态区间法（方法 1）和用自助抽样法构建测试集（方法 3），它的成本更高，因为它需要重新训练模型。但从积极的一面看，从不同的随机种子中得到的结果能让我们更深入地了解模型的稳定性。

建议

每种构建置信区间的方法都有其独特的优势和劣势。正态近似区间法的计算成本很低，但依赖于数据分布的正态性假设。袋外自助抽样法不受这些假设的限制，但计算成本要高得多。一个较为经济的替代方案是仅对测试集使用自助抽样，但这意味着要抽样较小的数据集，如果测试集规模小或不具备代表性，结果可能产生误导。最后，通过不同的随机种子构建置信区间虽然成本较高，但能增加我们对模型稳定性的理解。

25.3 练习

25-1. 如前所述，最常用的置信水平是 95% 的置信区间。然而，90% 和 99% 也很常见。90% 的置信区间是小于还是大于 95% 的置信区间？为什么？

25-2. 在 25.2.3 节中，我们通过自助抽样法构建了测试集，并将已训练好的模型应用于这些数据集，计算各自的测试集准确度。你能想出一种方法或修改方案来更高效地获得这些测试集准确度吗？

25.4 参考文献

- 详细讨论从非重叠置信区间得出统计显著性的陷阱的论文：Martin Krzywinski 和 Naomi Altman 所著的 "Error Bars"（2013）。
- 维基百科网站中关于二项分布置信区间的更详细的解释。
- 关于正态近似区间的详细解释，请参阅我如下文章的 1.7 节："Model Evaluation, Model Selection, and Algorithm Selection in Machine Learning"（2018）。
- 维基百科网站中关于独立同分布随机变量的中心极限定理的其他信息。
- 维基百科网站中有关 Berry–Esseen 定理的更多信息。
- 0.632 自助抽样法解决了常规袋外自助抽样方法的悲观偏差问题：Bradley Efron 所著的 "Estimating the Error Rate of a Prediction Rule: Improvement on Cross-Validation"（1983）。
- 0.632+自助抽样法修正了 0.632 自助抽样法引入的乐观偏差问题：Bradley Efron 和 Robert Tibshirani 所著的 "Improvements on Cross-Validation: The 0.632+ Bootstrap Method"（1997）。
- 一篇讨论自助抽样法构建测试集预测结果的深度学习研究论文：Benjamin Sanchez-Lengeling 等人所著的 "Machine Learning for Scent: Learning Generalizable Perceptual Representations of Small Molecules"（2019）。

第 26 章

置信区间与共形预测

置信区间和共形预测之间的区别是什么？什么情况下我们应该选择使用其中一个而非另一个？

置信区间和共形预测都是用于估计未知总体参数似然值范围的统计方法。如第 25 章所述，置信区间量化了总体参数在某一区间内的置信水平。例如，总体平均值的 95% 置信区间意味着如果我们从总体中抽取许多样本，并为每个样本计算 95% 的置信区间，我们将期望真实的总体平均数（均值）有大约 95% 会落在这些区间内。第 25 章介绍了几种利用这种方法估测机器学习模型预测性能的技术。共形预测通常用于创建预测区间，这些区间的主要目的是以一定的概率覆盖真实结果。

本章简要解释了预测区间是什么，以及它与置信区间有何不同，然后大致解释了共形预测这一构造预测区间的方法。

26.1 置信区间和预测区间

置信区间侧重于刻画总体特征的参数，而**预测区间**则为单个预测目标值提供一个值域。例如，考虑预测人身高的问题。假设从人口中抽取 10 000 个人作为样本，我们可能得出平均身高为 5 英尺 7 英寸[①]的结论。我们还可以计算该平均值的 95% 置信区间，范围从 5 英尺 6 英寸到 5 英尺 8 英寸。

然而，预测区间关注的是估计个人的身高，而不是估计总体的身高。例如，对于体重为 185 磅[②]的某个人，其身高的预测区间可能落在 5 英尺 8 英寸至 6 英尺之间。

---

① 1 英尺等于 30.48 厘米，1 英寸等于 2.54 厘米。——编者注
② 1 磅约为 0.45 千克。——编者注

在机器学习模型的背景下，我们可以使用置信区间来估计像模型准确度（指在所有可能的预测场景中的表现）这样的总体参数。相反，预测区间估计的是单个给定输入样本的输出值范围。

26.2　预测区间与共形预测

预测区间和共形预测都是用于估测单个模型预测的不确定性的统计技术，但它们的计算方式不同，所基于的假设也不同。

预测区间通常假设特定的数据分布，并且与特定类型的模型相关，而共形预测方法不受分布限制，可以应用于任何机器学习算法。

简而言之，我们可以将共形预测视为预测区间的一种更灵活、更普遍的形式。不过，共形预测通常比构建预测区间的传统方法需要更多的计算资源，后者涉及重采样或置换技术。

26.3　预测区域、预测区间与预测集合

在共形预测的背景下，专业术语**预测区间**、**预测集合**和**预测区域**，用于表示给定实例的合理输出。使用的术语类型取决于任务的性质。

在回归任务中，输出是连续变量，预测区间提供了一个范围，在一定置信水平下，真实值预计将落入此范围。例如，一个模型可能预测一座房子的价格在 20 万美元到 25 万美元之间。

在分类任务中，输出是离散变量（分类标签），预测集合包含了给定实例所有可能预测结果的分类标签。例如，一个模型可能预测一张图片描绘的要么是一只猫，要么是一只狗，要么是一只鸟。

预测区域是一个更通用的术语，它可以指代预测区间或预测集合。它描述了模型认为合理的输出集合。

26

26.4　计算共形预测

我们已经介绍了置信区间和预测区域之间的区别，并了解了共形预测方法与预测区间的关系，那么共形预测究竟是如何工作的呢？

简单来说，共形预测方法提供了一个用于创建预测区域的框架，即预测任务的潜在结果集合。根据用于构建这些区域的假设和方法，这些区域被设计成能以一定的概率包含真实的结果。

对于分类器，给定输入的预测区域是一组标签，这组标签以特定的置信度（通常为 95%）包含真实的标签，如图 26-1 所示。

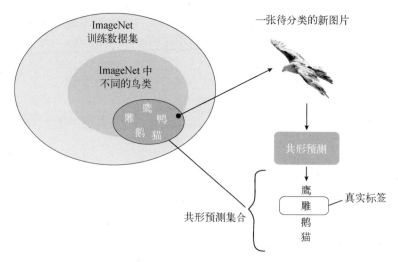

图 26-1　分类任务的预测区域

　　如图 26-1 所示，ImageNet 数据集包含了一部分鸟类物种，其中一些鸟类属于以下类别之一：鹰、鸭、雕或鹅。ImageNet 中还包含其他动物，例如猫。对于一个新的待分类图像（在这里是一只雕），共形预测集合由一些分类组成，真实的分类"雕"有 95% 的概率包含在该集合中。通常这里也包括一些密切相关的分类，如本例中的鹰和鹅。然而，预测集合也可能包括关系较远的类别标签，如猫。

　　为了逐步解释计算预测区域的概念，我们假设训练了一个图像的机器学习分类器。在训练模型之前，数据集通常分为三个部分：训练集、校准集和测试集。我们使用训练集来训练模型，并使用校准集来获得共形预测区域的参数。然后，我们可以使用测试集来评测共形预测器的性能。一个典型的分割比例可能是 60% 的训练数据、20% 的校准数据，以及 20% 的测试数据。

　　在使用训练集训练模型后，第一步是定义一个**非一致性度量**，该度量是一个函数，可以根据校准集中每个实例的"异常"程度为其分配一个数值分数。这个分数可以基于到分类器决策边界的距离来定，或者更常见的做法是用 1 减去分类标签的预测概率。分数越高，表明该实例越异常。

　　在对新数据点使用共形预测之前，我们使用校准集中的非一致性得分来计算分位数阈值。该阈值是一种概率水平，例如，校准集中 95% 的实例（如果我们选择 95% 的置信水平）的非一致性得分低于该阈值。该阈值接下来会用于确定新实例的预测区域，确保预测结果被校准到所需的置信水平。

　　一旦我们得到了阈值，就可以为新数据计算预测区域。在这里，对于给定实例的每个可能的分类标签（分类器的每个可能输出），我们检查其非一致性得分是否低于阈值。如果低于阈值，那么就将其包含在该实例的预测集合中。

26.5 共形预测示例

让我们通过一个例子来说明做出共形预测的过程，这个例子采用了一种简单的共形预测方法，称为**评分法**。假设我们使用训练集训练了一个分类器，用于区分三种鸟类：麻雀、知更鸟和鹰。假设校准数据集的预测概率如下：

麻雀 [0.95, 0.9, 0.85, 0.8, 0.75]

知更鸟 [0.7, 0.65, 0.6, 0.55, 0.5]

鹰 [0.4, 0.35, 0.3, 0.25, 0.2]

如上所示，我们有一个由 15 个样本组成的校准集，三个类别中的每个类别有 5 个样本。请注意，分类器对每个训练样本返回三个概率得分：对应于三个分类（麻雀、知更鸟和鹰）中每一个的概率。然而这里我们只选择了对应真实分类标签的概率。例如，对于第一个真实标签为麻雀的校准样本，我们可能得到 [0.95, 0.02, 0.03] 这样的值。在这种情况下，我们只保留了 0.95。

接下来，在获得上述概率得分后，我们可以计算非一致性得分，即 1 减去概率，如下所示：

麻雀 [0.05, 0.1, 0.15, 0.2, 0.25]

知更鸟 [0.3, 0.35, 0.4, 0.45, 0.5]

鹰 [0.6, 0.65, 0.7, 0.75, 0.8]

考虑到 0.95 的置信水平，我们现在选择一个阈值，使得 95% 的这些非一致性得分都低于这个阈值。基于这个例子中的非一致性得分，这个阈值是 0.8。然后，我们可以使用这个阈值来构建想要分类的新实例的预测集合。

现在假设我们有一个要分类的新实例（一张鸟的新图像）。假设该新鸟类图像属于训练集中的每个鸟类物种（分类标签），我们计算其非一致性得分：

麻雀 0.26

知更鸟 0.45

鹰 0.9

在这个例子中，麻雀和知更鸟的非一致性得分低于阈值 0.8。因此，这个输入的预测集合是 [麻雀, 知更鸟]。换句话说，这告诉我们，平均来说，真实的类别标签有 95% 的可能会被包含在预测集合中。

实现评分法的实践代码示例可以在本书代码仓库的 /q26_conformal-projection 子文件夹中找到。

26

26.6　共形预测的优点

比起使用分类器返回的分类概率，共形预测的主要优点是其理论保障和通用性。共形预测方法对所使用的数据或模型的分布不做强假设，并且可以与任何现有的机器学习算法结合使用，为预测提供置信度度量。

置信区间有渐近覆盖率保障，也就是说，当样本（测试集）大小趋于无穷大时，覆盖率保障保持在极限范围内。这并不一定意味着置信区间只适用于非常大的样本量，而是说随着样本量的增加，它们的特性会得到更加牢固的保障。因此，置信区间依赖于渐近性质，这意味着随着样本的增大，它们的保障变得更加稳健。

相比之下，共形预测提供了有限样本的保障，确保对于任何样本量都能达到预期的覆盖率。例如，如果我们为共形预测方法指定 95% 的置信水平，并生成 100 个校准集及其对应的预测集合，则该方法将在这 100 个测试点中正确包含 95 个真实分类标签。无论校准集的大小如何，都不受影响。

虽然共形预测有许多优点，但它并不总能提供最精确的预测区间。有时，如果某个分类器的基本假设成立，那么该分类器自身的概率估计可能会给出更精确且信息更丰富的区间。

26.7　建议

置信区间告诉了我们关于模型属性的不确定性程度，如分类器的预测准确度。预测区间或共形预测的输出则告诉我们模型特定预测中的不确定性程度。两者对于理解模型的可靠性和性能都非常重要，但它们提供的是不同视角的信息。

例如，模型预测准确度的置信区间有助于比较和评测模型，以决定要部署哪个模型。预测区间则有助于在实践中应用模型并理解其预测结果。例如，它可以帮助识别出模型不确定的情况，同时可能需要额外的数据、人工监督或是采取不同的方法。

26.8　练习

26-1. 预测集合的大小在不同实例之间可能会有所不同。例如，对于某个实例，我们可能会遇到预测集合大小为 1 的情况，而对于另一个实例，预测集合的大小可能为 3。预测集合的大小能告诉我们什么信息呢？

26-2. 第 25 章和第 26 章侧重于分类方法。我们在回归问题中也能使用共形预测和置信区间吗？

26.9　参考文献

- ❑ MAPIE 是 Python 中广泛使用的库，用于共形预测，详见其官方文档。
- ❑ 关于本章中评分法的更多信息，可参见 Christoph Molnar 所著的 *Introduction to Conformal Prediction with Python* (2023)。
- ❑ 除了评分法，还有其他几种共形预测方法。关于共形预测的文献和资源，请参阅 GitHub 上 Awesome Conformal Prediction 的网页。

26

第 27 章

合适的模型度量

使距离函数成为合适度量的三个属性是什么？

度量是数学、计算机科学以及其他各种科学领域的基础。理解定义良好距离函数的基本属性，以测量点或数据集之间的距离或差异是非常重要的。例如，在处理神经网络中的损失函数等时，了解它们的作用是否类似于合适的度量，对于了解优化算法将如何收敛至解决方案是很有帮助的。

本章分析了两个常用的损失函数——均方误差和交叉熵损失，以演示它们是否满足合适度量的标准。

27.1 标准

为了说明合适度量的标准，考虑两个向量或点 v 和 w 以及它们之间的距离 $d(v, w)$，如图 27-1 所示。

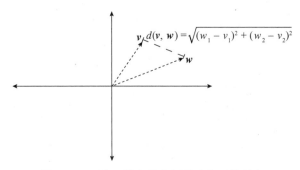

图 27-1 两个二维向量之间的欧几里得距离

合适度量的标准如下。

□ 两点之间的距离总是非负的，即 $d(v, w) \geqslant 0$，并且只有当两点相同（即 $v = w$）时才能为 0。

□ 距离是对称的。例如，$d(v, w) = d(w, v)$。

□ 距离函数对于任意三点 v、w 和 x，满足**三角不等式** $d(v, w) \leqslant d(v, x) + d(x, w)$。

为了更好地理解三角不等式，可以把这些点想象成三角形的顶点。比如我们想象任意三角形，其中两条边的和总是大于第三条边，如图 27-2 所示。

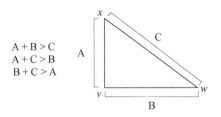

图 27-2　三角不等式

设想一下，如果图 27-2 中所展示的三角不等式不成立会发生什么。如果边 A 和边 B 的长度之和比边 C 短，则边 A 与边 B 不会相交形成三角形；相反，它们会彼此达不到。因此，它们相遇并形成三角形的事实证明了三角不等式。

27.2　均方误差

均方误差（MSE）用于计算目标变量 y 和预测的目标值 $\hat{y}$ 之差的平方的平均值：

$$\text{MSE} = \frac{1}{n} \sum_{i=1}^{n} \left(y^{(i)} - \hat{y}^{(i)} \right)^2$$

索引 i 表示数据集或样本中的第 i 个数据点。这个损失函数是一个合适的度量吗？

为简单起见，我们考虑两个数据点之间的**平方误差**（SE）损失（尽管以下理解也适用于 MSE）。如下面的等式所示，SE 损失量化了单个数据点的预测值和实际值之间的平方差，而 MSE 损失则是平均了数据集中所有数据点的这些平方差：

$$\text{SE}(y, \hat{y}) = (y - \hat{y})^2$$

在这种情况下，SE 满足第一个标准的第一部分：两点之间的"距离"总是非负的。因为我们对差值进行平方运算，所以结果不可能是负数。

至于第一个标准的第二部分——只有当两点相同时，距离才能为 0——由于 SE 中有减法运算，直观上可以看出，只有当预测值与目标变量完全匹配，即 $y = \hat{y}$ 时，它才能为 0。与第一个标准一样，我们可以利用平方运算来确认 SE 满足第二个标准：$(y - \hat{y})^2 = (\hat{y} - y)^2$。

乍一看，平方误差损失似乎也满足第三个标准，即三角不等式。直观上，你可以通过选择任意三个数字来检验这一点，这里我们选 1、2、3。

- ❑ $(1 - 2)^2 \leqslant (1 - 3)^2 + (2 - 3)^2$
- ❑ $(1 - 3)^2 \leqslant (1 - 2)^2 + (2 - 3)^2$
- ❑ $(2 - 3)^2 \leqslant (1 - 2)^2 + (1 - 3)^2$

然而，对于某些值这是不成立的。例如，考虑值 $a = 0$、$b = 2$ 和 $c = 1$。这会得到 $d(a, b) = 4$、$d(a, c) = 1$ 和 $d(b, c) = 1$，于是我们得到以下违反三角不等式的情形：

- ❑ $(0 - 2)^2 \nleqslant (0 - 1)^2 + (2 - 1)^2$
- ❑ $(2 - 1)^2 \leqslant (0 - 1)^2 + (0 - 2)^2$
- ❑ $(0 - 1)^2 \leqslant (0 - 2)^2 + (1 - 2)^2$

通过上面的例子可以看出它不满足三角不等式，我们得出结论，（均值）平方误差损失不是一个合适的度量标准。

然而，如果我们将平方误差改为**平方根误差**

$$\sqrt{(y - \hat{y})^2}$$

三角不等式就可以得到满足：

$$\sqrt{(0 - 2)^2} \leqslant \sqrt{(0 - 1)^2} + \sqrt{(2 - 1)^2}$$

注意 你可能对 L2 距离或欧几里得距离更为熟悉，众所周知，它们满足三角不等式。当考虑两个标量值时，这两种距离度量等同于平方根误差。

27.3 交叉熵损失

交叉熵用于测量两个概率分布之间的距离。在机器学习的背景下，当我们使用由 n 个训练样本组成的数据集训练逻辑回归或神经网络分类器时，我们使用分类标签 y 和预测概率 p 之间的离散交叉熵损失（CE）[1]：

---

[1] 交叉熵损失函数公式中的 log 底数通常为 e 或 2，但也可以为其他值，因为底数不会对结果产生影响，任何底数都可以转化为以 e 为底数的对数乘以一个常数。

$$CE(y, p) = -\frac{1}{n} \sum_{i=1}^{n} y^{(i)} \times \log\left(p^{(i)}\right)$$

这个损失函数是一个合适的度量吗？同样，为了简单起见，我们将只查看两个数据点之间的交叉熵函数（H）：

$$H(y, p) = -y \times \log(p)$$

交叉熵损失满足第一个标准的一部分：距离总是非负的，这是因为概率得分是一个在[0, 1]范围内的数。因此，$\log(p)$ 的取值范围是从负无穷到 0。关键的一点是，H 函数包含了一个负号。因此，交叉熵的取值范围是从 0 到正无穷，满足了上述第一个标准的一个方面。

然而，对于两个相同的点，交叉熵损失不是 0。例如，$H(0.9, 0.9) = -0.9 \times \log(0.9) \approx 0.095$。

交叉熵损失也违反了上面所示的第二个标准，因为损失是不对称的：$-y \times \log(p) \neq -p \times \log(p)$。让我们用一个具体的数字示例来说明这一点。

❑ 如果 $y = 1$，$p = 0.5$，则 $-1 \times \log(0.5) \approx 0.693$。
❑ 如果 $y = 0.5$，$p = 1$，则 $-0.5 \times \log(1) = 0$。

最后，交叉熵损失不满足三角不等式，$H(r, p) \leqslant H(r, q) + H(q, p)$。让我们用一个例子来说明这一点。假设我们选择 $r = 0.9$、$p = 0.1$ 和 $q = 0.4$。我们有：

❑ $H(0.9, 0.1) \approx 0.624$
❑ $H(0.9, 0.4) \approx 0.825$
❑ $H(0.4, 0.1) \approx 0.277$

如你所见，$0.624 \leqslant 0.825 + 0.277$ 在这里不成立。

总之，尽管交叉熵损失在用（随机）梯度下降训练神经网络时是个有用的损失函数，但它不是一个合适的距离度量，因为它不满足作为合适度量的三个标准中的任何一个。

27.4　练习

27-1. 假设我们考虑使用平均绝对误差（MAE）作为均方根误差（RMSE）的替代值来测量机器学习模型的性能，其中 $MAE = \frac{1}{n} \sum_{i=1}^{n} \left| y^{(i)} - \hat{y}^{(i)} \right|$，$RMSE = \sqrt{\frac{1}{n} \sum_{i=1}^{n} \left(y^{(i)} - \hat{y}^{(i)} \right)^2}$。MAE 不是度量空间中的合适距离度量，因为它涉及绝对值，因此我们应该改用 RMSE。这个论点正确吗？

27-2. 根据你对前一个问题的回答，你会说 MAE 比 RMSE 更好还是更差？

第 28 章

k 折交叉验证中的 k

28

k 折交叉验证是评测机器学习分类器时的常见选择, 因为它允许我们使用所有训练数据来模拟机器学习算法在新数据上的表现。选择较大的 *k* 值有哪些优点和缺点呢?

当数据有限时, 我们可以将 *k* 折交叉验证视为进行模型评测的一种方法。在机器学习模型评估中, 我们关注的是模型的泛化性能, 即模型在新数据上的表现如何。在 *k* 折交叉验证中, 我们通过将训练数据划分为 *k* 个验证轮次和折叠来进行模型选择和评测。如果有 *k* 个折叠, 就有 *k* 次迭代, 从而产生 *k* 个不同的模型, 如图 28-1 所示。

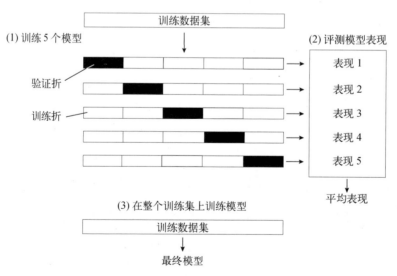

图 28-1 模型评测的 *k* 折交叉验证示例, 其中 *k*=5

使用 k 折交叉验证时，我们通常通过计算 k 个模型上的平均表现来评估特定超参数配置的性能。完成评测后，该表现反映了或者说近似在完整训练数据集上所训练模型的表现。

以下各节涵盖了在 k 折交叉验证中选择 k 值的权衡考量，并针对大 k 值及其计算需求的挑战进行讨论，特别是在深度学习的背景下。随后，我们讨论了 k 的核心目的，以及如何根据特定的模型构建需求选择适当的值。

28.1　选择 k 值时的权衡考量

如果 k 值过大，不同轮次的交叉验证的训练集会过于相似。因而 k 个模型与我们在整个训练集上训练获得的模型非常相似。在这种情况下，我们仍然可以利用 k 折交叉验证的优势：通过每轮保留的验证集来评估整个训练集上的性能。（这里我们通过拼接给定迭代中的 $k-1$ 个训练折来获得训练集）。然而，k 值过大的缺点是，分析具有特定超参数配置的机器学习算法在不同训练数据集上的表现将更具挑战性。

除了数据集太相似的问题外，使用较大的 k 值运行 k 折交叉验证也会带来更高的计算需求。较大的 k 值会增加迭代次数以及每次迭代的训练集大小，从而使得计算成本更高。如果我们使用训练成本较高且相对较大的模型（如现代深度神经网络），这尤其是一个问题。

出于实际和历史原因，k 的常见选择通常是 5 或 10。Ron Kohavi 的一项研究（见本章末尾的"参考文献"）发现，$k=10$ 为经典机器学习算法（如决策树和朴素贝叶斯分类器）在少数小数据集上提供了良好的偏差和方差的权衡。

例如，在 10 折交叉验证中，我们在每轮中使用 9/10（90%）的数据进行训练，而在 5 折交叉验证中，我们仅使用 4/5（80%）的数据，如图 28-2 所示。

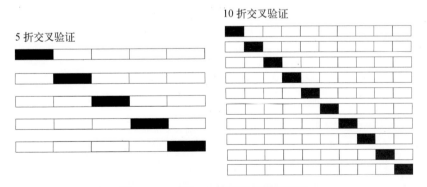

图 28-2　5 折与 10 折交叉验证的对比

然而，这并不意味着大的训练集是不好的，因为如果我们假设模型训练可以从更多的训练数据中受益,那么它们就可以减小性能估计的悲观偏差(通常是一件好事)。(有关学习曲线的示例,请参见图 5-1。)

在实践中,非常小和非常大的 k 值都可能增大方差。例如,较大的 k 值会使训练折之间更加相似,因为留出的验证集占的比例更小。由于训练折更加相似,每轮中的模型也会更加相似。在实际操作中,我们可以观察到,对于较大的 k 值,保留的验证折分数的方差更相似。另一方面,当 k 值较大时,验证集较小,它们可能包含更多的随机噪声,或更容易受到数据特性的影响,导致不同折间的验证分数有更大的变化。尽管模型本身更加相似(因为训练集更相似),但验证分数可能对小验证集的特殊性更敏感,从而导致整体交叉验证分数的方差更高。

28.2 确定适当的 k 值

在确定适当的 k 值时,我们通常以计算性能和惯例为指导。然而,也有必要定义使用 k 折交叉验证的目的和场景。例如,如果我们主要关心的是最终模型的预测性能的近似值,那么使用较大的 k 是有意义的。这样,训练折就非常接近于组合后的整个训练数据集,但我们仍然可以通过验证折叠来评估模型在所有数据点上的表现。

然而,如果我们关心的是评测给定的超参数配置和训练流水线对不同的训练数据集的敏感性,那么选择较小的 k 值更有意义。

由于大多数实际场景由两个步骤组成,即调优超参数和评测模型性能,因此我们也可以考虑一个两步过程。例如,我们可以在超参数调优阶段使用较小的 k 值。这将有助于加快超参数搜索,并检测超参数配置的稳健性(除了平均性能外,我们还可以将方差视为选择标准)。然后,在超参数调优和选择之后,我们可以增大 k 值来评测模型。

然而,将同一数据集同时用于模型选择和评测会引入偏差,通常最好使用单独的测试集进行模型评测。此外,嵌套交叉验证可以优选为 k 折交叉验证的替代方案。

28.3 练习

28-1. 假设我们希望为模型提供尽可能多的训练数据。我们考虑使用**留一交叉验证**(leave-one-out cross-validation, LOOCV),这是 k 折交叉验证的特例,其中 k 等于训练样本的数量,使得验证折仅包含单个数据点。一位同事提到,LOOCV 对于不连续损失函数和性能度量(如分类准确度)是有缺陷的。例如,对于只包含一个样例的验证折,准确度始终为 0(0%)或 1(100%)。这真的会成为一个问题吗?

28-2. 本章讨论了模型选择和模型评测作为 k 折交叉验证的两个应用场景。你能想到其他的使用场景吗?

28.4　参考文献

❑ 有关为什么以及如何使用 k 折交叉验证的更长、更详细的解释，请参阅我的文章："Model Evaluation, Model Selection, and Algorithm Selection in Machine Learning"（2018）。

❑ 宣传选择 $k = 5$ 和 $k = 10$ 这一建议的论文：Ron Kohavi 所著的 "A Study of Cross-Validation and Bootstrap for Accuracy Estimation and Model Selection"（1995）。

28

第 29 章

训练集和测试集的不一致性

假设我们训练的模型在测试集上的表现比在训练集上好得多。由于类似的模型配置之前在类似的数据集上表现良好，所以我们怀疑数据可能存在异常。有哪些方法可以探测训练集和测试集的差异？我们又能采取什么策略来缓解这些问题呢？

在更详细地研究数据集之前，我们应该检查数据加载代码和评测代码中的技术问题。例如，一种简单的健全性检查是用训练集临时替换测试集，并重新评测模型。在这种情况下，我们应该看到训练集和测试集的表现相同（因为这些数据集现在是相同的）。如果我们发现差异，很可能代码中存在 bug。根据我的经验，这样的 bug 通常与不正确的数据重排或不一致（通常是缺失）的数据归一化有关。

如果测试集的表现远好于训练集的表现，我们可以排除过拟合的可能。更有可能的情况是，训练数据和测试数据的分布存在显著差异。这些分布差异可能会影响特征和目标变量。在这种情况下，绘制训练数据和测试数据的目标或标签分布图是一个好主意。例如，一个常见的问题是，如果数据集在拆分为训练集和测试集之前没有正确洗好，测试集中可能会缺少某些分类的标签。对于小型的表格数据集，使用直方图比较训练集和测试集中的特征分布也是可行的。

查看特征分布对于表格数据是一种好方法，但对于图像和文本数据来说就比较棘手了。一种检查训练集和测试集之间差异的相对简单和通用的方法是对抗验证。

对抗验证（如图 29-1 所示）是一种识别训练数据和测试数据相似程度的技术。我们先将训练集和测试集合并为一个数据集，然后创建一个二元目标变量来区分训练数据和测试数据。例如，我们可以使用新的"是否测试数据？"标签，其中我们将标签 0 分配给训练数据，将标签 1 分配给测试数据。然后，我们使用 k 折交叉验证，或将数据集重新划分为训练集和测试集，并像往常一样训练机器学习模型。理想情况下，我们希望模型表现不佳，这表明训练数据和测试数据分布相似。另外，如果模型在预测"是否测试数据？"时表现良好，说明训练数据和测试数据之间存在差异，我们需要进一步调查。

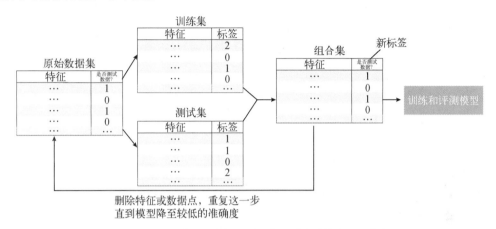

图 29-1　用于检测训练集和测试集差异的对抗验证工作流

　　如果我们使用对抗验证检测到了训练集与测试集之间的差异，应该使用哪些缓解技术？如果我们处理的是表格型数据集，可以逐一移除特征，观察是否有助于解决问题，因为有时虚假特征也可能与目标变量高度相关。为了实现该策略，我们可以使用具有更新目标的序列特征选择算法。例如，我们可以最小化分类准确度，而不是最大化。对于移除特征不那么简单的情况（如图像和文本数据），我们还可以研究移除与测试集不同的个别训练实例，看是否可以解决差异问题。

练习

29-1. 在对抗预测任务中，良好的表现基准是什么？

29-2. 由于训练数据集通常比测试数据集大，对抗验证通常会造成预测问题中不平衡的情况（多数的示例被标记为"是否测试数据？"时，标签更多的是"否"而不是"是"）。这会是个问题吗？如果是的话，我们该怎样缓解这个问题呢？

29

第 30 章

有限的有标签数据

假设我们绘制了一条学习曲线（例如，如图 5-1 所示），发现机器学习模型出现了过拟合现象，并且可以从更多的训练数据中受益。在监督机器学习的环境下，对于有限的有标签数据，有哪些不同的处理方法呢？

如果不收集更多的数据，我们可以采用几种与常规监督学习相关的方法，在有标签数据有限的情况下提高模型性能。

30.1　利用有限的有标签数据提高模型性能

以下各节探讨了各种机器学习模式，这些模式对训练数据有限的场景是有帮助的。

30.1.1　标注更多数据

收集更多的训练样本，通常是提高模型性能的最佳方法（学习曲线是很好的诊断工具）。然而，这在实践中往往是不可行的，因为获取高质量的数据可能成本高昂，计算资源和存储空间也可能不足，或者数据可能难以获取。

30.1.2　自助抽样数据

与第 5 章中讨论过的减少过拟合的技术类似，通过生成修改过的（增强的）或人工（合成的）训练样本来"自助重抽样"数据，能帮助提高预测模型的性能。当然，如第 21 章所述，提高数据质量也可以提高模型的预测性能。

30.1.3 迁移学习

迁移学习描述了在一个通用数据集（例如 ImageNet）上训练模型，然后在目标数据集（如由不同鸟类组成的数据集）上微调预训练模型的过程，如图 30-1 所示。

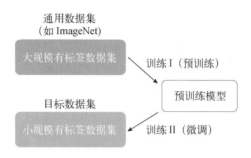

图 30-1 迁移学习的过程

迁移学习通常在深度学习的背景下进行，其中模型的权重可以更新。这与基于树的方法形成鲜明对比，因为大多数决策树算法是非参数模型，不支持迭代训练或参数更新。

30.1.4 自监督学习

与迁移学习类似，在自监督学习中，模型首先会在一个不同的任务上进行预训练，然后针对只有有限数据的目标任务进行微调。然而，自监督学习通常依赖于可以直接且自动从无标签数据中提取出的标签信息。因此，自监督学习也常称为**无监督预训练**。

自监督学习的常见例子包括自然语言模型构建中的**下一个词**（例如 GPT 中使用的）或**掩蔽词**（如 BERT 中使用的）的预训练任务，这些在第 17 章中有更详细的介绍。计算机视觉的另一个直观例子是**图像修复**：预测图像中随机删除的缺失部分，如图 30-2 所示。

图 30-2 用于自监督学习的图像修复

有关自监督学习的更多详细信息，请参阅第 2 章。

30

30.1.5   主动学习

如图 30-3 所示，在主动学习中，我们通常会获取人工标注者或者用户在学习过程中的反馈。但主动学习并不是预先打标整个数据集，而是包含了一个优先级方案，推荐未打标的数据点先进行打标，以最大限度地提高机器学习模型的性能。

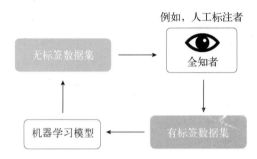

图 30-3   在主动学习中，模型向一个全知者询问标签

术语**主动学习**指的是模型主动选择数据进行打标。例如，最简单的主动学习形式是选择具有高度预测不确定性的数据点，由人工标注员（也称为**全知者**）进行打标。

30.1.6   小样本学习

在小样本学习场景下，我们经常要处理非常小的数据集，每个分类只包含少数样本。在科研中，1-shot（每个分类一个样本）和 5-shot（每个分类五个样本）的学习场景非常常见。小样本学习的一个极端情况是零样本学习，没有提供任何标签。零样本学习的典型例子包括 GPT-3 及其相关语言模型，用户需要通过输入提示提供所有必要的信息，如图 30-4 所示。

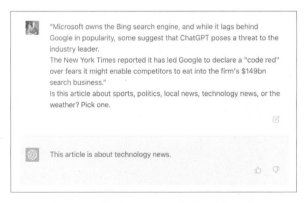

图 30-4   使用 ChatGPT 进行零样本分类

有关小样本学习的更多详细信息，请参阅第 3 章。

30.1.7　元学习

元学习是关于机器学习算法如何最好地从数据中学习的开发方法。因此，我们可以将元学习视为"学习如何学习"。机器学习社区已经开发出了几种元学习方法。在机器学习社区中，**元学习**一词不仅仅代表多个子类别和方法，它偶尔也被用来描述相关但不同的过程，这导致了其解释和应用上的细微差别。

元学习是小样本学习的主要子类别之一。这里的重点是学习出一个好的特征提取模块，该模块将支撑集和查询图像转换为向量表征。通过与支撑集中的训练样本进行比较，优化这些向量表征，从而确定查询样本的预测分类。（这种形式的元学习在第 3 章中说明过。）

另一种与小样本学习方法无关的元学习分支侧重于从监督学习任务的数据集中提取元数据（也称为**元特征**），如图 30-5 所示。元特征是对数据集本身的描述。例如，元特征可以涵盖特征的数量、不同特征的统计数据（峰度、范围、均值等）。

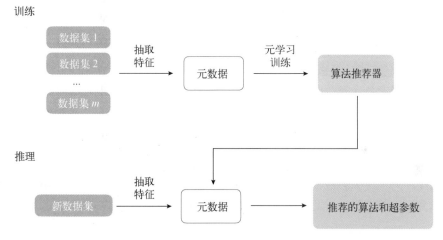

图 30-5　涉及元数据提取的元学习过程

提取的元特征针对如何为现有的数据集选择机器学习算法提供信息。使用这种方法，我们可以缩小算法和超参数搜索空间，这有助于在数据集较小时减少过拟合现象。

30.1.8　弱监督学习

弱监督学习，如图 30-6 所示，涉及使用外部标签来源为无标签数据集生成标签。通常，弱监督标签函数创建的标签比人类或领域专家打的标签更嘈杂或更不准确，因此被称为**弱监督**。我们可以开发或采用基于规则的分类器来创建弱监督学习中的标签，这些规则通常只覆盖无标签数据集的一个子集。

30

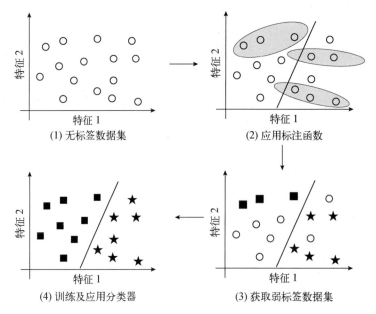

(1) 无标签数据集　　　　　　(2) 应用标注函数

(4) 训练及应用分类器　　　　　(3) 获取弱标签数据集

图 30-6　弱监督学习利用外部标签函数来训练机器学习模型

让我们回到第 23 章中垃圾邮件分类的例子，说明基于规则的数据标注方法。在弱监督下，我们可以基于电子邮件主题标题行中的关键字"销售"，设计一个基于规则的分类器来识别垃圾邮件的子集。请注意，虽然我们可能会使用此规则将某些电子邮件标记为垃圾邮件，但不应该应用此规则将没有包含"销售"的电子邮件标记为非垃圾邮件。相反，我们应该保持它们未标注，或者对它们应用不同的规则。

弱监督学习有一个子类别，称为 PU 学习。PU 学习即 positive-unlabeled learning（**正向无标签学习**）的缩写，我们只通过正向样本打标和学习。

30.1.9　半监督学习

半监督学习与弱监督学习密切相关，两者都涉及为数据集中的未标注样本创建标签。这两种方法的主要区别在于如何创建标签。在弱监督学习中，我们使用外部标签函数创建标签，这些外部函数通常噪声高、不准确或仅覆盖数据的一个子集。在半监督学习中，我们不使用外部标签函数，而是利用数据本身的结构。例如，我们可以根据邻近已标注数据点的密度来标注额外的数据点，如图 30-7 所示。

虽然我们可以将弱监督学习应用于完全未标注的数据集，但半监督学习要求数据集至少有一部分是已标注的。在实践中，可以先应用弱监督学习来标记数据的子集，然后使用半监督学习来标注那些未被标签函数捕获的实例。

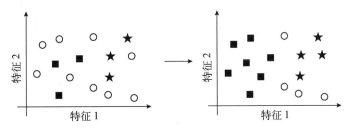

图 30-7　半监督学习

由于它们之间存在密切的关系,半监督学习有时被称为弱监督学习的一个子类别,反之亦然。

30.1.10　自训练

自训练介于半监督学习和弱监督学习之间。对于这种技术,我们会训练一个模型来给数据集打标签,或者依赖现有的模型来做同样的事情。这个模型也被称为**伪标签器**。

自训练并不能保证标签的准确性,因此是与弱监督学习相关的。此外,当我们使用或采用机器学习模型来进行伪标签生成时,自训练也与半监督学习相关。

一个自训练的例子是知识蒸馏,这一内容在第 6 章中有讨论。

30.1.11　多任务学习

多任务学习在多个任务上训练神经网络,在理想情况下这些任务是相关的。例如,如果我们正在训练一个分类器来检测垃圾邮件,那么垃圾邮件分类是主要任务。在多任务学习中,我们可以为模型添加一个或多个相关任务,称为**辅助任务**。对于垃圾邮件的例子,辅助任务可以是对电子邮件的主题或语言进行分类。

通常,多任务学习是通过多个损失函数来实施的,这些损失函数需要同时优化,每个任务对应一个损失函数。辅助任务作为归纳偏置,引导模型优先考虑可以解释多个任务的假设。这种方法通常会使模型在未见过的数据上表现得更好。

多任务学习有两个子类别:硬参数共享的多任务学习和软参数共享的多任务学习。图 30-8 说明了这两种方法之间的区别。

在**硬**参数共享中,如图 30-8 所示,只有输出层是任务特定的,所有任务共享相同的隐藏层和神经网络主干架构。相比之下,**软**参数共享为每个任务使用独立的神经网络,但会应用诸如参数层之间的距离最小化等归一化技术来提升网络间的相似性。

30

硬参数共享

软参数共享

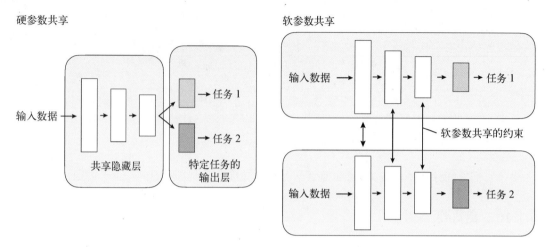

图 30-8　多任务学习的两种主要类型

30.1.12　多模态学习

虽然多任务学习涉及使用多个任务和损失函数来训练模型,但多模态学习侧重于融合多种类型的输入数据。

多模态学习架构常见的例子是将图像和文本数据都作为输入的架构(尽管多模态学习并不局限于两种模态,可以用于任意数量的输入模态)。根据任务的不同,我们可以使用匹配损失来迫使相关图像和文本之间的嵌入向量相似,如图 30-9 所示。(有关嵌入向量的更多信息,请参阅第 1 章。)

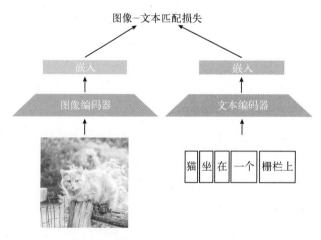

图 30-9　带有匹配损失的多模态学习

图 30-9 显示了作为单独组件的图像编码器和文本编码器。图像编码器可以是卷积主干结构或视觉 Transformer，语言编码器可以是递归神经网络或语言 Transformer。然而，现在使用一个基于 Transformer 的模块来同时处理图像和文本数据是很常见的。例如，VideoBERT 模型有一个联合模块，可以处理视频和文本，以进行动作分类和视频字幕生成。

如图 30-9 所示，优化匹配损失对于学习可用于各种任务的嵌入表征是有帮助的，如图像分类和文本摘要。但是，也可以直接优化目标损失，例如分类或回归，如图 30-10 所示。

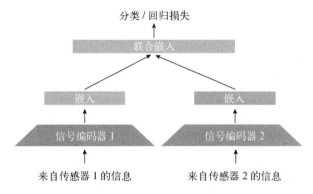

图 30-10　针对监督学习目标优化的多模态学习

图 30-10 显示了从两个不同传感器收集的数据。一个是温度计，另一个是摄像机。信号编码器将信息转换为嵌入（具有相同的维数），然后将这些嵌入连接起来，形成模型的输入表征。

直观上，结合不同模态数据的模型通常比单模态模型表现得更好，因为它们可以利用更多的信息。此外，最近的研究表明，多模态学习成功的关键是提高潜空间表征的质量。

30.1.13　归纳偏置

选择具有更强归纳偏差的模型，可以通过对数据结构做出假设来帮助降低数据方面的需求。例如，由于它们的归纳偏置，卷积网络需要的数据比视觉 Transformer 更少，如第 13 章所述。

30.2　建议

在所有这些减少数据量需求的技术中，我们应该如何确定在特定情况下使用哪些技术？

像收集更多数据、数据增强和特征工程这样的技术，与本章讨论的所有方法都是兼容的。多任务学习和多模态输入也可以与这里概述的学习策略一起使用。如果模型存在过拟合问题，我们还应该考虑第 5 章和第 6 章中讨论的技术。

30

但是，我们如何在主动学习、小样本学习、迁移学习、自监督学习、半监督学习和弱监督学习之间做出选择呢？选择尝试哪种监督学习技术高度依赖于具体情境。你可以使用图 30-11 中的图表作为为特定项目选择最佳方法的指南。

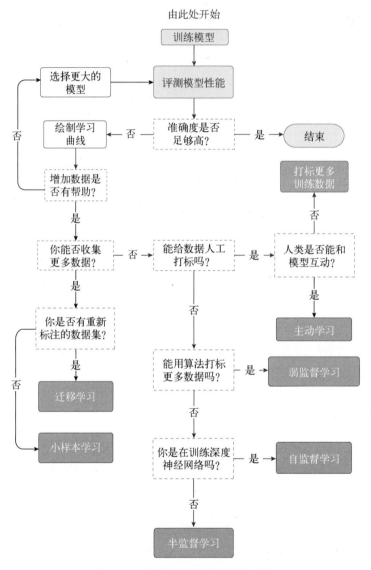

图 30-11　监督学习技术的选择建议

请注意，图 30-11 中的深色方框并不是终点节点，而是返回到第二个方框"评测模型性能"；为了避免视觉上产生混乱，省略了额外的箭头。

30.3 练习

30-1. 假设我们接到的任务是构建一个机器学习模型，该模型利用图像来检测类似 iPad 的平板设备外壳上的制造缺陷。我们有数百万张各种计算设备的图像，包括智能手机、平板电脑和台式电脑，但这些图像没有标签；我们还有数千张标注过的智能手机图像，展示了各种类型的损伤；还有数百张专门与目标任务（即检测平板设备的制造缺陷）相关的标注图像。我们如何使用自监督学习或迁移学习来解决这个问题？

30-2. 在主动学习中，选择难度较大的样本进行人工检查和打标，通常是基于置信度得分。神经网络可以通过在输出层使用逻辑 sigmoid 函数或 softmax 函数来计算分类归属概率，从而提供这样的得分。然而，人们普遍认识到，深度神经网络处理在分布之外的数据时会表现出过度的自信，使其在主动学习中的应用效果不佳。那么，在主动学习中利用深度神经网络获取置信度得分的其他方法有哪些呢？

30.4 参考文献

- 虽然增量学习的决策树并不常见，但以迭代方式训练决策树的算法确实存在，参见维基百科中的增量决策树页面。
- 通过多任务学习训练的模型，通常优于单任务训练的模型：Rich Caruana 所著的 "Multitask Learning"（1997）。
- 可以同时处理图像和文本数据的基于 Transformer 的模块：Chen Sun 等人所著的 "VideoBERT: A Joint Model for Video and Language Representation Learning"（2019）。
- 上述研究表明，多模态学习取得成功的关键是提高潜空间表征的质量：Yu Huang 等人所著的 "What Makes Multi-Modal Learning Better Than Single (Provably)"（2021）。
- 关于主动学习的更多信息：Zhen 等人所著的 "A Comparative Survey of Deep Active Learning"（2022）。
- 关于分布之外的数据如何导致深度神经网络过度自信现象的更详细的讨论：Anh Nguyen、Jason Yosinski 和 Jeff Clune 所著的 "Deep Neural Networks Are Easily Fooled: High Confidence Predictions for Unrecognizable Images"（2014）。

后 记

本书带你踏上了一段旅程，从机器学习的基本概念开始，如嵌入、潜空间和表征，到高级的技术和架构，包括自监督学习、小样本学习和 Transformer。书中还涵盖了许多实用技术，如模型部署、多 GPU 训练和以数据为中心的人工智能，并深入探讨了计算机视觉和自然语言处理等专业领域。

本书的每一章不仅为你提供了概念性的知识，还提供了实践方面的见解，使得本书不管是对于做学术研究还是实际应用都十分有用。无论你是一位有志成为数据科学家的人士、一位机器学习工程师，还是仅仅对迅速发展的 AI 领域感兴趣，我都希望本书对你有所帮助。

如果你觉得本书很有价值，愿意分享你的经验，并向可能也会从中受益的其他人推荐本书，我将不胜感激。我也很高兴听到任何评论和建议。欢迎随时在本书的 GitHub 官方论坛上发起和参与讨论。你也可以访问我的个人网站获取最佳联系方式。

感谢你的阅读，祝愿你在无比迷人的机器学习与人工智能世界里的一切努力，都能取得最好的成果。

附录　练习答案

第 1 章

1-1. 输出层之前的最后一层（在这个例子中是第二个全连接层）可能对生成嵌入表征最有用。不过，我们也可以使用所有其他中间层来生成嵌入表征。由于后面的层倾向于学习更高级别的特征，因此这些后面的层通常具有更强的语义意义，并且更适用于不同类型的任务，包括相关的分类任务。

1-2. 一种不同于嵌入表征的传统输入表征方法是独热编码，如第 1 章所述。在该方法中，每个分类变量使用一个二进制向量表示，其中只有一个值是"激活"的（例如，设为 1），而所有其他位置都是非激活的（例如，设为 0）。

另一种不是嵌入表征的输入形式是直方图。一个典型的示例就是图像直方图（请在维基百科中搜索 image histogram）。这些直方图提供了数字图像中色调分布的图形表示，捕获了像素的强度分布。

此外，词袋模型提供了另一种不同于嵌入表征的方法。在这类模型中，输入的句子被表示为其词语的无序集合或"词袋"，而不考虑语法甚至语序。有关词袋模型的更多详细信息，请参阅维基百科。

第 2 章

2-1. 将自监督学习应用于视频数据的一种方式是预测视频中的下一帧。这类似于 GPT 等大模型中的下一个词预测。该方法对模型提出了挑战，模型要能够预测序列中的后续事件或动作，从而对内容产生时序上的理解。

另一种方法是预测缺失或被遮罩的帧。这个想法是从大模型（如 BERT）中获得的灵感，其中某些词会被遮罩起来，模型的任务是预测它们。对于视频而言，可以将整帧画面遮罩起来，模型则学会根据周围帧所提供的上下文来插值并预测被遮罩的帧。

图像修复是视频领域自监督学习的另一种途径。这里，不是遮罩整个帧，而是在帧内特定的像素区域进行遮罩，然后训练模型来预测缺失或被遮罩的部分，这有助于模型把握视频内容中的细粒度视觉细节和空间关系。

最后，可以使用着色技术，即把视频转换成灰度图像，然后让模型预测颜色。这不仅能教会模型识别物体原本的颜色，还能让模型了解到光线、阴影以及场景的整体氛围。

2-2. 我们可以移除（遮罩）特征值，并训练模型来预测这些值，这类似于经典的缺失值填补方法。例如，采用这种方式的一个方法是 TabNet；参见 Sercan O. Arik 和 Tomas Pfister 的论文 "TabNet: Attentive Interpretable Tableular Learning"（2019）。

还可以通过在原始特征空间或嵌入空间中生成训练样本的增强版本来进行对比自监督学习。例如，SAINT 和 SCARF 方法就采用了这种做法。对于前者，请参阅 Gowthami Somepalli 等人的文章 "SAINT: Improved Neural Networks for Tabular Data via Row Attention and Contrastive Pre-Training"（2021）。对于后者，请参阅 Dara Bahri 等人的文章 "SCARF: Self-Supervised Contrastive Learning Using Random Feature Corruption"（2021）。

第 3 章

3-1. 与监督学习类似，我们先将数据集划分为训练集和测试集，然后进一步将训练集和测试集划分为子集，每个分类中有一张图像。为了设计训练任务，我们只考虑分类的一个子集，例如分类（数字）0, 1, 2, 5, 6, 8, 9。接下来，在测试时，我们使用剩余的分类 3, 4, 7。对于每个分类任务，神经网络仅接收每张图像的一个样本。

3-2. 考虑罕见疾病的医学影像场景。训练数据集可能只包含几种疾病的少量样本，并且对于新的、未知的罕见疾病（不包含在训练集中），小样本系统可能只有一个或几个病例。因此任务就是基于这数量有限的样本来识别新的罕见疾病。

小样本系统的另一个例子是推荐系统，它只有用户评价过的少量样本。基于有限的样本，模型必须预测用户未来可能喜欢的产品。想象一下，当一家公司增加库存时，仓库机器人必须学会识别新的物品。机器人必须仅基于几个样本来学会识别和适应这些新物品。

第 4 章

4-1. 你可以尝试增大原始神经网络。可能是所选的网络太小，无法包含合适的子网络。

另一种选择是尝试不同的随机初始化方式（例如更改随机种子）。彩票假设认为某些随机初始化的网络中包含可以通过剪枝获得的高精度子网络，但并非所有网络都会有这样的子网络。

4-2. 当使用 ReLU 激活函数训练神经网络时，如果函数输入小于 0，则特定激活将设为 0。这会导致隐藏层中的某些节点不参与计算。这些节点有时被称为**死亡神经元**。虽然 ReLU 激活并不直接导致权重稀疏，但零激活输出有时会导致不可恢复的零权重。这一现象支持了彩票假设，该假设认为，经过良好训练的网络可能包含具有稀疏、可训练权重的子网络，这些子网络可以在不损失准确性的情况下进行剪枝。

第 5 章

5-1. XGBoost 是一种基于树的梯度提升的实现方式，在撰写本文时，它还不支持迁移学习。与人工神经网络相比，XGBoost 是一种非参数模型，我们不能在新数据到达时随时更新它。因此，常规的迁移学习在这里不起作用。

不过，可以将一个 XGBoost 模型在一个任务上训练得到的结果作为另一个 XGBoost 模型的特征来使用。考虑两个数据集之间有一组重叠的特征。例如，我们可以为组合数据集设计一个自监督分类任务。然后，我们可以用目标数据集训练第二个 XGBoost 模型，该模型以原始特征集以及第一个 XGBoost 模型的输出作为输入。

5-2. 在应用数据增强时，通常也需要增加训练时间。我们可能需要对模型进行更长时间的训练。

另外，也有可能对数据增强过度。过度增强数据可能会导致超出数据自然变化范围的一些过度变化，从而导致对新数据过拟合或较差的泛化性。如果是 MNIST 数据集，还可能包括平移或裁剪图像，以至于数字因缺失部分而变得无法识别。

另一种可能是用了过于简单、不符合领域特点的数据增强。例如，假设我们对图像进行水平或垂直翻转。对于 MNIST 来说，这是没有意义的，因为对手写数字进行水平或垂直翻转会产生现实中不存在的数字。

第 6 章

6-1. 调整训练轮数是一种更简单、更通用的方法。这一点对于那些不支持模型检查点的老式框架尤其适用。因此，改变训练轮数可能是一种更简单的解决方案，并且对于小型数据集和每次超参数配置运行及评测成本较低的模型特别有吸引力。这种方法还不需要在训练过程中监控模型在验证集上的性能，因而简单易用。

当使用训练成本较高的模型时，早停法和检查点法都特别有用。通常这也是更灵活、更稳健的减少过拟合的方法。然而，这种方法的缺点是，在有噪声的训练方案中，即使验证集上的准确度不能很好地估计泛化准确度，我们也可能会优先选择较早的训练轮次。

6-2. 集成方法的一个明显缺点是计算成本增加了。例如，如果我们构建一个由五个神经网络组成的神经网络集成，则该集成的成本可能是单个模型的五倍。

虽然我们经常考虑上述提到的推理成本，但存储成本的增加也是另一个重要的限制因素。如今，大多数计算机视觉和语言模型有数百万甚至数十亿个参数，这些参数必须存储在分布式环境中。模型集成使这进一步复杂化。

可解释性的下降，是我们进行模型集成时面临的另一个代价。理解和分析单个模型的预测结果已经很有挑战性了。根据集成方法的不同，我们又增加了另一层复杂性，进一步降低了可解释性。

第 7 章

7-1. Adam 优化器实现了一种带有内部权重参数的自适应方法。Adam 优化器的每个模型参数有两个优化器参数（均值和方差），因此不仅要分割模型的权重张量，还要分割优化器的状态以解决内存限制问题。（请注意，这已经在大多数 DeepSpeed 并行技术中实现了。）

7-2. 理论上，数据并行可以在 CPU 上工作，但其优势也会受限。例如，与其在 CPU 内存中复制模型，并行地在数据集的不同批次上训练多个模型，不如提高数据吞吐量。

第 8 章

8-1. 由于自注意力机制需要进行 n 到 n 的比较（其中 n 是输入序列的长度），因此它在计算和内存复杂度上是平方级的，这使得与其他神经网络架构相比，Transformer 的计算成本很高。此外，解码器类型的 Transformer（如 GPT）一次输出一个词元，在推理期间不能并行化（尽管生成每个词元仍然是高度并行的，如第 8 章所述）。

8-2. 我们可以将自注意力视为特征选择的一种形式，尽管这种特征选择与其他类型的特征选择之间存在差异。在这个背景下，区分硬注意力和软注意力是很重要的。软注意力计算所有输入的重要性权重，而硬注意力则选择输入的一个子集。硬注意力更像是在掩蔽，其中的某些输入被设置为 0 或 1，而软注意力允许重要性分数有连续的变化范围。注意力和特征选择的主要区别是，特征选择通常是固定的操作，而注意权重是基于输入动态计算的。使用特征选择算法时，所选特征总是相同的，而对于注意力来说，权重可以根据输入发生变化。

第 9 章

9-1. 自动进行此评测，本质上是困难的，目前的黄金标准仍然基于人类的评估和判断。不过，确实存在一些作为定量衡量指标的方法。

为了评测生成图像的多样性，可以使用 KL 散度正则项来比较生成样本的条件类分布和边缘类分布。该度量也用于 VAE 中，以使潜空间向量接近标准高斯分布。KL 散度越高，生成图像的多样性就越丰富。

也可以将生成图像的统计特性与预训练模型（如用作图像分类器的卷积网络）特征空间中的真实图像进行比较。高度相似（或距离较近）表示两个分布彼此接近，这通常是图像质量更好的标志。这种方法通常也称为 Fréchet 起始距离法。

9-2. 与 GAN、VAE 或者扩散模型的生成器一样，一致性模型也接受从简单分布（如标准高斯分布）中采样的噪声张量作为输入，并生成新图像。

第 10 章

10-1. 能，通过设置 $k=1$，我们可以使 top-k 采样具有确定性，以便模型在生成输出文本时，始终选择概率分数最高的词作为下一个词。

我们也可以让核采样具有确定性，例如通过设置概率质量阈值 p，使之只包含一个元素，该元素正好满足或超过该阈值。这将使模型始终选择概率最高的词元。

10-2. 在某些情况下，推理过程中 Dropout 的随机行为可能是有好处的，例如使用单个模型构建模型集成。（如果没有 Dropout 中的随机行为，模型将为给定的输入产生完全相同的结果，这会使集成变得多余。）

此外，Dropout 中的随机推理行为可以用于稳健性测试。对于医疗保健或自动驾驶等关键应用，了解模型的微小变化如何影响其预测是至关重要的。通过使用随机 Dropout 模式，我们可以模拟这些微小的变化，并测试模型的稳健性。

第 11 章

11-1. SGD 只有学习率这一个超参数，没有任何其他参数。因此，除了在反向传播期间为每个权重参数计算的梯度（包括计算梯度所需的层激活），它不会增加任何需要存储的额外参数。

Adam 优化器更复杂，且需要更多的存储空间。具体来说，Adam 优化器为每个参数保留了过去梯度（一阶矩）的指数衰减平均值和过去平方梯度（二阶原始矩）的指数衰减平均值。因此，对于网络中的每个参数，Adam 优化器需要存储两个额外的值。如果网络中有 n 个参数，则 Adam 优化器需要存储 $2n$ 个额外的参数。

如果网络有 n 个可训练参数，Adam 优化器将添加 $2n$ 个要追踪的参数。例如，在由 26 926 个参数组成的 AlexNet 中，如练习 1-1 中计算的，Adam 优化器总共需要 53 852（2×26 926）个附加值。

11-2. 每个 BatchNorm 层在训练期间学习两组参数：一组缩放系数（gamma）和一组偏移系数（beta）。学习这些参数的目的是让模型能够在发现归一化对学习起负面作用时，取消归一化的效果。这些参数集（gamma 和 beta）的大小与它们所归一化的层中的通道数（或神经元数）相同，因为这些参数是为每个通道（或神经元）单独学习的。

对于第一个卷积层之后的第一个 BatchNorm 层，具有 5 个输出通道，就会添加 10 个额外的参数。对于第二个卷积层之后的第二个 BatchNorm 层，第二个卷积层具有 12 个输出通道，就会添加 24 个额外的参数。

第一个全连接层有 128 个输出通道，这意味着需要 256 个额外的 BatchNorm 参数。第二个全连接层没有 BatchNorm 层，因为它本身就是输出层。

因此，BatchNorm 将 10+24+256=290 个附加参数添加到网络中。

第 12 章

12-1. 仅将步幅从 1 增加到 2（或更大值）不应影响等价性，因为在这两种情况下，卷积核大小都等于输入大小，所以这里并没有滑动窗口机制。

12-2. 填充增加大于 0 的值会影响结果。由于输入进行了填充，我们会得到滑动窗口的卷积操作，这时与全连接层的等价性不再成立。换句话说，填充会改变输入的空间维度，导致与卷积核的大小不再匹配，并将导致每个特征映射有多个输出值。

第 13 章

13-1. 使用较小的图像块会增加给定输入图像的图像块数量，从而导致更多的词元被送入Transformer。这会导致计算复杂度增加，因为 Transformer 中的自注意力机制相对于输入词元的数量具有二次方的复杂度。因此，较小的输入图像块会使模型的计算成本更高。

13-2. 使用较大的输入图像块可能会导致输入图像中细微的细节和局部结构丢失，这可能会对模型的预测性能产生负面影响。感兴趣的读者可能会想阅读 FlexiViT 论文，该论文研究了因图像块大小及数量不同而引起的计算性能和预测性能之间的权衡（Lucas Beyer et al.，"FlexiViT: One Model for All Patch Sizes" [2022]）。

第 14 章

14-1. 因为同音异义词有不同的含义，所以我们会希望它们出现在不同的语境中，例如 "I can see you over there"[①] 和 "Their paper is very nice"[②]中的 "there" 和 "their"[③]。

由于分布假设认为含义相似的词应该出现在相似的语境中，因此同音词并不与分布假设相矛盾。

14-2. 分布假设的基本思想可以应用于其他领域，如计算机视觉。在图像场景下，出现在相似视觉场景中的对象很可能在语义上是相关的。在更低的级别，相邻像素可能在语义上相关，因为它们是同一对象的一部分。该思想用于图像数据自监督学习中的掩蔽自编码。（我们在第 2 章中介绍过掩蔽自编码器。）

另一个例子是蛋白质的建模。举例来说，研究人员发现，在蛋白质序列（其中每个字母代表一种氨基酸的字符表示形式，如 MNGTEGPNFYVPFSNKTGVV…）上训练的语言 Transformer 模型学习的嵌入，会将相似的氨基酸聚类到一起（Alexander Rives 等人所著的 "Biological Structure and Function Emerge from Scaling Unsupervised Learning to 250 Million Protein Sequences" [2019]）。疏水性氨基酸（如 V、I、L 和 M）出现在一个聚类中，芳香族氨基酸（如 F、W 和 Y）则出现在另一个聚类中。在这种情况下，我们可以认为氨基酸相当于句子中的词语。

第 15 章

15-1. 假设现有数据不存在隐私问题，数据增强有助于在不需要收集额外数据的情况下生成现有数据的变体，这有助于解决隐私问题。

然而，如果原始数据包括个人可识别信息，那么即使是经过增强或合成的数据也可能被追溯回特定个体，尤其是增强过程没有充分地模糊或改变原始数据时。

15-2. 如果原始数据集足够大、足够多样化，让模型不会由于缺乏数据而过拟合或性能不佳，那么数据增强可能没那么大用处。例如，对大模型进行预训练时，通常就是这种情况。高度特定于领域（如医学、法律和金融领域）的模型，性能也可能受到同义词替换和回译等技术的负面影响，因为这些技术可能会将具有特定含义的领域术语替换掉。通常，在对措辞选择高度敏感的任务语境中，应用数据增强时必须特别小心。

---

① 意为：我可以看到你在那边。

② 意为：他们的论文非常好。

③ "there" 和 "their" 在英语中读音相同。

第 16 章

16-1. 自注意力机制的时间和空间复杂度是二次方的。更确切地说，我们可以将自注意力的时间和空间复杂度表达为 $O(N^2 \times d)$，其中 N 是序列长度，d 是序列中每个元素嵌入的维度。

这是因为自注意力涉及计算序列中每对元素之间的相似度得分。例如，我们有一个有 N 个词元（行）的输入矩阵 X，其中每个词元都是 d 维嵌入（列）。

当计算每个词元嵌入到其他词元嵌入的点积时，我们乘以 XX^T，会得到一个 $N \times N$ 的相似度矩阵。该乘法涉及单个词元对的 d 次乘法，共有 N^2 个这样的词元对。因此，复杂度为 $O(N^2 \times d)$。然后利用这个 $N \times N$ 相似矩阵来计算序列元素的加权平均值，从而得到 $N \times d$ 输出表征。这会使自注意力计算成本较高且占用大量内存，尤其是在序列较长或 d 的值较大时。

16-2. 确实如此。有趣的是，自注意力机制可能部分受到了用于图像处理的卷积神经网络中空间注意力机制的启发（Kelvin Xu 等人所著的 "Show, Attend and Tell: Neural Image Caption Generation with Visual Attention" [2015]）。空间注意力是一种允许神经网络专注于图像中与特定任务相关区域的机制。它有选择地为图像中不同空间位置的重要性加权，从而使网络能够"更多地关注"某些区域而忽略其他区域。

第 17 章

17-1. 要将预训练的 BERT 模型用于分类任务，需要添加用于分类的输出层，通常称为**分类头**。

正如前面讨论过的，BERT 在预训练期间使用 [CLS] 词元来执行下一句预测任务。我们不必对其进行预测下一句的训练，而是可以为我们的目标预测任务（如情感分类）微调新的输出层。

嵌入的[CLS]输出向量充当整个输入序列的摘要。我们可以将其视为一个特征向量，并在其上训练一个小型神经网络，通常是一个全连接层接一个 softmax 激活函数来预测分类概率。全连接层的输出大小应与我们分类任务中的分类数量相匹配。然后我们可以像往常一样使用反向传播来训练它。比如，可以使用不同的微调策略（更新所有层而不是仅更新最后一层）在监督数据集上训练模型。

17-2. 是的，我们可以对像 GPT 这样的纯解码器模型进行微调来执行分类任务，尽管它可能不如像 BERT 这样的基于编码器的模型有效。与 BERT 相比，我们不需要使用特殊的 [CLS]，但基本概念类似于微调编码器模型以执行分类任务。我们添加一个分类头（一个全连接层和一个 softmax 激活函数），并在生成的第一个输出词元的嵌入（最终隐藏状态）上对其进行训练（这类似于使用[CLS]词元的嵌入）。

第 18 章

18-1. 如果我们无法访问模型，或者如果我们想要使模型适应那些未曾训练过的类似任务，上下文学习是有用的。

相比之下，微调对于使模型适应新的目标领域是有用的。例如，假设模型是在通用语料库上预训练的，并且我们希望将其应用于金融数据或文档。在这里，对来自该目标领域的数据进行模型微调是有意义的。

请注意，上下文学习也可以与微调模型一起使用。例如，当一个预训练的语言模型在一个特定任务或领域上进行微调后，上下文学习利用模型根据输入中提供的上下文生成响应的能力。与不进行微调的上下文学习相比，在给定目标领域的情况下，该模型生成的响应可能更准确。

18-2. 这是隐式完成的。在前缀调优、适配器和 LoRA 中，预训练语言模型原有的知识被保留下来，这是通过在保持核心模型参数冻结的同时，引入额外可学习的参数来适应新任务实现的。

第 19 章

19-1. 如果使用像 Word2vec 这样独立处理每个词语的嵌入技术，我们预期“cat”的嵌入之间的余弦相似度是 1.0。然而，在这种情况下，我们使用 Transformer 模型来生成嵌入。Transformer 使用自注意力机制，在生成嵌入向量时会考虑整个上下文（例如输入文本）。（有关自注意力的更多信息，请参阅第 16 章。）由于单词 cat 用于两个不同的句子，BERT 模型为这两个 cat 的样本生成了不同的嵌入。

19-2. 交换候选文本和参考文本，与计算列与行之间的最大余弦相似度具有相同的效果（如图 19-3 中的步骤 5 所示），可能会导致特定文本的 BERTScore 不同。这就是为什么在实践中，BERTScore 通常被计算为类似于 ROUGE 的 F1 分数。例如，我们会先按一种方式计算 BERTScore（召回率），然后再按另一种方式计算（准确度），最后计算调和平均值（F1 分数）。

第 20 章

20-1. 基于 CART 决策树的随机森林通常不能随着新数据的到来而随时更新。因此，无状态训练方法是唯一可行的选择。如果我们转而使用如循环神经网络这样的神经网络模型，有状态方法可能更有意义，因为神经网络可以随时根据新数据进行更新。（不过，最好一开始就横向比较有状态系统和无状态系统，以决定哪种方法最有效。）

20-2. 有状态的重训练在这里最有意义。与其在结合现有数据（包括用户反馈）的基础上训练一个新模型，不如基于用户反馈更新模型。大模型通常以自监督的方式预训练，然后通过监督学习进行微调。训练大模型的成本是非常高的，因此通过有状态的重训练来更新模型比从头开始重训练模型更有意义。

第 21 章

21-1. 从提供的信息来看，还不清楚这是否是一种以数据为中心的方法。人工智能系统在很大程度上依赖数据输入来做出预测和提出建议，但对于任何人工智能机器学习方法来说都是如此。为了确定这种方法是否是以数据为中心的人工智能的例子，我们需要知道人工智能系统是如何开发的。如果它是通过使用固定的模型并对训练数据进行改进来开发的，这称得上是一种以数据为中心的方法；否则，它只是常规的机器学习和预测建模。

21-2. 如果我们保持模型不变，也就是说重用相同的 ResNet-34 架构，并且只改变数据增强方法来探究其对模型性能的影响，那么我们可以认为这是一种以数据为中心的方法。然而，数据增强也是现代机器学习流水线中的常规流程之一，仅仅是使用数据增强方法本身并不能说明这种方法是否是数据为中心的。根据现代定义，以数据为中心的方法要在保持其余的模型构建和训练流水线不变的情况下，积极研究各种数据增强技术之间的差异。

第 22 章

22-1. 使用多 GPU 策略进行推理的一个缺点是 GPU 之间的额外通信开销。然而，对于推理任务来说，因为它们不需要梯度计算和更新，相较于训练而言规模较小，所以 GPU 之间的通信时间可能会超过并行化节省的时间。

管理多个 GPU 也意味着更高的设备和能耗成本。在实践中，以提升单个 GPU 或 CPU 性能为目的来优化模型通常更值得。如果有多个 GPU 可用，在不同的 GPU 上并行处理多个样本要比使用多个 GPU 处理同一个样本更为合理。

22-2. 循环分块通常与向量化结合使用。例如，在应用循环分块之后，可以使用向量化操作来处理每个分块。这让我们能够对缓存中已经存在的数据使用 SIMD 指令，从而提高这两种技术的有效性。

第 23 章

23-1. 问题是，重要性加权假设测试集分布与部署分布相匹配。然而，由于各种原因，这往往并非实际情况，比如不断变化的用户行为、不断发展的产品功能或动态的环境。

23-2. 通常我们会监控分类准确度等指标，性能下降可能表示数据发生了变化。然而，如果我们无法获取到新流入数据的标签，这样做是不切实际的。

在无法标记新流入数据的情况下，我们可以使用统计双样本检验来确定样本是否来自同一分布。我们还可以使用对抗验证，如第 29 章所述。然而，这些方法无助于检测概念偏移，因为它们只比较输入分布，而不比较输入与输出之间的关系。

其他方法包括测量重建误差：如果我们有一个在源数据上训练好的自编码器，就可以监控新数据上的重建误差。如果误差显著增大，则可能表示输入分布发生了变化。

异常检测是另一种常见的技术。当被识别为异常值的数据点的比例异常高时，表明数据分布可能发生了变化。

第 24 章

24-1. 尝试预测一名球员进球的数量（例如，基于过去几个赛季的数据）是一个泊松回归问题。我们也可以应用序回归模型，根据进球数量对球员进行排名。

然而，由于进球差是恒定的，并且可以量化（例如，3 个进球和 4 个进球之间的差别与 15 个进球和 16 个进球之间的差别相同），因此对于序回归模型来说，这不是一个理想的问题。

24-2. 这是一个类似于序回归问题的排序问题，但存在一些差异。由于我们只知道电影的相对顺序，因此与序回归模型相比，成对排序算法可能是更合适的解决方案。

然而，如果要求此人按 1 到 5 的范围（类似于亚马逊网站上的星级评价系统）为每部电影分配数字标签，那么有可能在这种类型的数据上训练并使用序回归模型。

第 25 章

25-1. 置信水平（90%、95%、99% 等）的选择会影响置信区间的宽度。较高的置信水平会产生较宽的区间，因为我们需要撒一个更大的网，以更加确信我们捕捉到了真实的参数。

相反，较低的置信水平产生较窄的区间，反映了关于真实参数所在位置的更大的不确定性。因此，90% 的置信区间比 95% 的置信区间窄，反映出对真实总体参数的位置有更大的不确定性。通俗地说，我们 90% 确信真实参数位于一个较小的值范围内。为了增加这种确定性，我们必须将区间宽度增加到 95% 或 99%。

例如，假设我们 90% 确定威斯康星州未来两周将下雨。如果我们想在不收集额外数据的情况下做出 95% 置信度的预测，就必须增加时间间隔。例如，我们可能会说有 95% 的把握确定在未来四周内会下雨，或者有 99% 的把握确定在未来两个月内会下雨。

25-2. 由于模型已经过训练并且保持不变，因此将其用于每个测试集将是浪费。为了加快本节中介绍的过程，从技术上讲，我们只需要将模型应用一次，即应用到原始测试集上。然后，我们可以直接自助采样实际标签和预测标签（而不是原始样本）来创建自助采样测试集。接下来，我们可以基于每个测试集中的自助采样标签来计算测试集准确度。

第 26 章

26-1. 预测集合的大小可以告诉我们很多关于预测确定性的信息。如果预测集合很小（例如，在分类任务中为 1），则表明对预测有很高的信心。该算法有足够的证据强烈提示出一种特定的结果。

如果预测集合较大（例如，在分类任务中为 3），则表示更大的不确定性。该模型对预测的信心较低，并认为多个结果是可信的。在实践中，我们可以利用这些信息为预测集合大小较大的样本分配更多的资源。例如，我们可以将这些案例标记出来供人工审核，因为机器学习模型对此不太确定。

26-2. 当然可以。置信区间同样适用于回归模型，就像它们适用于分类模型一样。事实上，它们在回归的背景下更加通用。例如，我们可以使用第 25 章中介绍的方法来计算模型性能（如均方误差）的置信区间。（但我们也可以计算单次预测结果和模型参数的置信区间。如果你对模型参数的置信区间感兴趣，请参阅我的文章 "Interpretable Machine Learning—Book Review and Thoughts about Linear and Logistic Regression as Interpretable Models"。）

我们还可以计算回归模型的共形预测区间。这个区间是一系列可能的目标值，而不是单一的点估计。对这种预测间隔的解释是，假设在统计上未来与过去相似的前提下（例如，基于模型训练所使用的数据），新实例的真实目标值将以一定的置信水平，例如 95%，落在这个区间范围内。

第 27 章

27-1. 由于 MAE 是基于距离的绝对值计算的，因此它自然满足第一个标准：它不能为负。此外，如果我们将 y 和 $\hat{y}$ 的值互换，MAE 相同，因此，它满足第二个条件。那三角不等式呢？类似于 RMSE 与欧氏距离或 L2 范数相同，MAE 类似于两个向量之间的 L1 范数。由于所有向量范数都满足三角不等式（Horn and Johnson, *Matrix Analysis*, Cambridge University Press, 1990），我们同事的说法是不正确的。

此外，即使 MAE 不是合适的距离度量，它仍然可以作为一个有用的模型评测指标，比如可以考虑分类准确度。

27-2. MAE 为所有误差分配相等的权重，而 RMSE 由于平方指数的原因，对绝对值较大的误差给予更多的重视。因此，RMSE 总是至少与 MAE 一样大。然而，没有哪一个指标普遍优于另一个指标，多年来两者都被用于评测模型性能的无数研究中。

如果你对 MAE 和 RMSE 之间的进一步比较感兴趣，可能会喜欢 Cort J. Willmott 和 Kenji Matsuura 的文章："Advantages of the Mean Absolute Error (MAE) Over the Root Mean Square Error (RMSE) in Assessing Average Model Performance"（2005）。

第 28 章

28-1. 如果我们只关心平均性能，这不是问题。例如，我们有一个包含 100 个训练样本的数据集，并且模型正确地预测了 100 个验证折中的 70 个，则我们估计模型的准确度为 70%。然而，假设我们有兴趣分析不同折的估计值的方差，那么 LOOCV 就不是非常有用了，因为每个折仅有一个训练样本，所以我们不能计算每个折的方差，并将之与其他折进行比较。

28-2. k 折交叉验证的另一个应用场景是模型集成。例如，在 5 折交叉验证中，我们训练五个不同的模型，因为我们有五个略有不同的训练集。然而，我们不必在整个训练集上训练一个最终模型，而是可以将五个模型组合成一个模型集成（这在 Kaggle 上特别流行）。有关该过程的说明，请参见图 6-3。

第 29 章

29-1. 作为性能基准，实现零规则分类器是个好主意，例如多数类分类器。由于我们通常拥有比测试数据更多的训练数据，因此可以计算一个总是预测"是否测试数据？"为"否"的模型的性能，如果我们将原始数据集划分为 70% 的训练数据和 30% 的测试数据，则应是 70% 的准确度。如果在对抗验证数据集上训练的模型的准确率明显超过了这个基线（例如，80%），我们可能需要进一步排查一个严重的不一致性问题。

29-2. 总的来说，这不是一个大问题，因为我们主要关注是否与多数分类预测基线有明显的偏差。例如，如果我们将对抗性验证模型的准确度与基线（而不是 50% 的准确度）进行比较，就不会有问题。然而，与分类准确度相比，评测指标使用如 Matthew 相关系数、ROC 或准确度召回曲线这类 AUC（area-under-the-curve，曲线下面积）数值可能会更好。

第 30 章

30-1. 虽然我们通常将自监督学习和迁移学习视为不同的方法，但它们并不一定是相斥的。例如，我们可以使用自监督学习在已打标或更大的未打标图像数据集上预训练模型（在这种情况下，对应于各种计算设备的数百万张未打标图像）。

我们可以使用来自自监督学习的神经网络权重，而不是从随机权重开始，接着通过数千张打标过的智能手机图片进行迁移学习。由于智能手机与平板电脑相关，迁移学习在这里是一个非常有潜力的方法。

最后，在自监督预训练和迁移学习完成后，我们可以在目标任务的数百张有标签图像上对模型进行微调，这里是平板电脑的图像。

30-2. 除了针对神经网络输出层产生的过度自信分数的缓解技术外，我们还可以考虑采用多种集成方法来获得置信分数。例如，我们可以在推理过程中利用 Dropout 而不是禁用它，以获得一个样本的多个不同预测结果，进而计算预测标签的不确定性。

另一种选择是使用第 6 章中讨论的 k 折交叉验证，从训练集的不同部分构建模型集成。

也可以将第 26 章中讨论的共形预测方法应用于主动学习。